El olivo, la aceituna y el aceite

Josep Ramon Mayoral Quintana

Prólogo de Ferran Tomàs Monné

1.ª edición: febrero de 2015

Diseño gráfico y maquetación: Editorial Fonoll, SL
Diseño de cubiertas: Joan Teixidó Pau
Corrección lingüística: Maite Puig Tarré
Impresión: Tipolínea

ISBN: 978-84-942430-7-3
Depósito legal: L-26-2015

ÍNDICE

En homenaje a todos los olivareros de España, que,
con su trabajo, hacen posible que disfrutemos de dos productos
tan excepcionales como el aceite de oliva virgen extra y las aceitunas de mesa.

Prólogo

Tienen en sus manos un libro sobre el OLIVO, las ACEITUNAS y el ACEITE, una trilogía apasionante para quien la conoce.

El olivo es un árbol del que se aprovecha todo. Con la madera del olivo se puede esculpir, por ejemplo, un peón de ajedrez; con las hojas puede prepararse una infusión que mejorará su salud; con las aceitunas verdes, una vez aliñadas, puede tomarse un delicioso aperitivo; el aceite, resultante de la molturación de las aceitunas, es un condimento alimenticio muy saludable, considerado fuente de vida desde la antigüedad; la leña resultante de la poda y el orujo, subproducto de la molturación de las aceitunas, sirven de combustible para la calefacción, la cocción y la iluminación. El aprovechamiento pues, en su conjunto, es importante.

El paisaje del olivar es de una belleza indescriptible. El ramo de olivo simboliza la paz. El aceite, popularmente conocido como «oro líquido», es un alimento que proporciona salud a nuestro cuerpo y a nuestra piel. Recuerden aquel refrán que dice: «El aceite de oliva todo mal quita».

El consumo de aceite de oliva tiene la competencia de otros aceites vegetales más económicos, pero de menor valor gastronómico y medicinal. Calculen qué diferencial puede suponer por persona y año, y verán que no hay excusa para no consumir aceite de oliva virgen extra.

La lectura de este libro los ayudará a introducirse en el mundo del OLIVO, la ACEITUNA y el ACEITE, es decir, el árbol, los frutos, su historia, sus usos y sus aprovechamientos. Además, los incitará a recorrer los campos de olivares y a visitar los museos en los que el aceite es el principal protagonista. Conocer es el primer paso para amar y valorar.

La redacción de este libro ha sido consecuencia de haber recorrido miles de kilómetros visitando campos de olivos, cooperativas, almazaras, ferias, comercios;

asistiendo a catas de aceites; haciendo entrevistas; participando en conversaciones, contrastes de opiniones…, todo ello mezclado con grandes dosis de ilusión, admiración y cariño al mundo del olivar. Si somos capaces de provocar en ustedes un mínimo contagio, nos daremos por satisfechos.

Consumir aceite de oliva proporciona salud, paz y placer. Regale aceite de oliva virgen extra a sus amistades y seres queridos. Que la lectura les sea propicia y… buen provecho.

Ferran Tomàs Monné
Economista

Introducción

El olivo representa el paisaje del Mediterráneo, igual que el aceite virgen representa su gastronomía. El origen del olivo y del aceite se sitúa en la cuenca mediterránea; posteriormente, se expandió a otros países, tras el descubrimiento de América.

Durante siglos las técnicas de producción y obtención del aceite fueron las mismas, con muy pocos cambios. En las tres últimas décadas, su desarrollo ha experimentado grandes avances: han aumentado las superficies cultivadas y la producción de aceitunas y de aceite, y ha mejorado también la calidad de este último. Todo ello ha supuesto una importante mejora para este sector tan tradicional, en las tareas de producción de aceite y de aceitunas de mesa.

La utilización de modernos métodos mecánicos ha influido en el aumento de la producción y en la mejora de la calidad del aceite de oliva. Asimismo, su comercialización ha aumentado considerablemente mediante la utilización de los nuevos medios de transporte, tanto por tierra como por mar, con el uso de los contenedores. Últimamente, también los medios informáticos han contribuido a la mejora de su comercialización. Todo ello ha influido tanto en el consumo interno de los propios países productores como en el de otros países, que actúan solo como consumidores. En definitiva, el producto se ha acercado más al consumidor, el cual lo utiliza, cada vez más, por sus excelentes cualidades en gastronomía y para mejorar la salud de quien lo consume.

El conocimiento científico y los avances realizados en el estudio del aceite de oliva han motivado su inclusión en la dieta mediterránea y el reconocimiento de su consumo como elemento saludable, lo que lo sitúa en un nivel óptimo y marca una clara diferencia respecto a los otros tipos de aceites y grasas existentes en el mercado. El aceite de oliva virgen extra se obtiene de la aceituna, la cual es produ-

Prensa de aceite ubicada en la Fundació Part Temàtic de l'Oli, en les Borges Blanques.

cida por el árbol llamado olivo. En ocasiones, dichos árboles llegan a tener edades centenarias e incluso algunos llegan a alcanzar edades milenarias.

Este producto es un alimento saludable, rico en ácido oleico, que contiene vitaminas, polifenoles y fitosteroles, propiedades que eran desconocidas y que hoy resaltan la calidad de este producto, lo que favorece su consumo diario. A este producto se lo ha llamado también *oro líquido*, debido a sus excelentes cualidades y a su escasa oferta en los mercados. La modernización de la plantación, cultivo, tratamiento, recolección y obtención del aceite, así como la mejora del envasado, ha motivado un aumento de la producción y de la calidad de este producto. Todo ello, conlleva que este sector del aceite virgen extra sea un tema actual, adaptado a los tiempos modernos, caracterizados por la constante innovación tecnológica.

Debemos destacar que España es el primer productor mundial de aceite de oliva y aceitunas de mesa, con bastante diferencia con relación a los países que la siguen, como Italia, Grecia y otros situados en la cuenca mediterránea.

Dentro de España, destaca la región de Andalucía; en segundo lugar, Castilla-La Mancha, y luego, Catalunya y las otras regiones españolas en las que también se produce aceite de oliva.

Nosotros nos centraremos, en este estudio, en el llamado aceite de oliva virgen extra. Debemos citar la llamada aceituna arbequina, ya que de ella se consigue el mejor de estos aceites. La producción del aceite virgen extra de aceituna arbequina, en su mayor porcentaje, se obtiene en la provincia de Lleida. En otras zonas se mezcla más las diferentes variedades de aceituna que en ellas se producen; por ello, las características técnicas de los aceites no son exactamente las mismas, ya que dependerán, en parte, de la zona y la variedad de aceituna que se ha utilizado en su producción.

A lo largo de este estudio se intenta exponer unos criterios básicos de conocimiento de todo lo relacionado con el olivo, la aceituna y la obtención del aceite virgen extra. Tras una breve referencia histórica, entramos en las labores de recogida y fabricación de dicho aceite. Seguidamente, se exponen las principales cualidades del mismo. También se presentan las características principales de las llamadas aceitunas de mesa. Se citan los principales datos de producción, consumo y comercialización de este producto y se comentan las principales denominaciones de origen localizadas en España. Es necesario, también, hacer referencia a la regulación y proyección internacional de este sector. Finalmente, se incluye una breve aplicación gastronómica y se referencian los principales museos de aceite de oliva que encontramos en España.

La escasa oferta existente, en el mundo, de este excelente producto motiva que sus precios tiendan a aumentar. Además, y debido a los últimos estudios científicos realizados, se ha descubierto que el aceite de oliva virgen extra es necesario para el buen funcionamiento del sistema cardiovascular, hasta el punto de que su consumo llega a hacer disminuir significantemente el riesgo de infartos. Además de esta y otras aplicaciones médicas, es un excelente producto para el condimento de los alimentos. Muy recientemente se ha utilizado para la obtención de los llamados aceites aromatizados o infusionados, los cuales están teniendo una buena aceptación en el mundo gastronómico. También es utilizado para masajes y tratamientos de la piel. El avance en los medios de envasado y la mejora en la comercialización han motivado que este producto se encuentre también en el mercado como un motivo de regalo, lo cual potenciará el aumento de su consumo y también de su precio.

Breve evolución histórica

Prensa cónica para prensar las aceitunas, situada en la Fundació Parc Temàtic de l'Oli, en les Borges Blanques.

Se piensa que la antigüedad del olivo se remonta a la época del Neolítico, aunque sobre ello existen varias teorías. Unas afirman que su origen tuvo lugar en el valle del Nilo, mientras que otras sostienen que lo tuvo en el valle del Jordán, en los territorios fenicios de Palestina y el Líbano. La mayoría de los historiadores convienen en que el olivo es originario de la región de la antigua Siria e Irán. Hoy en día, los restos arqueológicos confirman que el olivo se conocía desde hace unos ocho mil años. Las referencias al aceite de oliva encontradas en la literatura antigua son numerosas. En Siria se hallaron unas tablillas fechadas a mediados del tercer milenio a. C. que ya mencionan la producción de este condimento. Algunos científicos afirman que fue en el norte de África, en las montañas del Atlas,

Prensa tradicional. Cooperativa de la Pobla de Cérvoles.

Obtención final del aceite a granel. Cooperativa de Juncosa.

donde surgieron los primeros olivos. A través de las excavaciones arqueológicas que se están realizando, utilizando la prueba del carbono 14, podremos saber más exactamente la realidad histórica pasada del olivo. Los olivares del valle del Nilo debían de proceder de Siria, los cuales se citan en diversas ocasiones en los libros del Antiguo Testamento. En el Egipto de los faraones, cinco mil años a. C. ya se producía aceite, y parece ser que fue la primera civilización que realizó la extracción del aceite a través de procedimientos mecánicos naturales, ya que dicho aceite lo utilizaban para iluminar los templos y también en baños aromáticos. Según el testimonio del profeta Ezequiel, los países lindantes con Fenicia suministraban a los fenicios aceite de oliva, entre otros productos agrícolas. Fueron también los fenicios los que difundieron el cultivo del olivo por las islas griegas, hasta el punto de que este cultivo llegó a tener gran alcance. En Creta el olivo y el aceite alcanzaron gran importancia; en dicha isla se encontraron también unas tablillas micénicas que mencionan el olivo.

Desde el siglo VI a. C., el cultivo del olivo se propagó por toda la cuenca del Mediterráneo. Pasó a Trípoli, Túnez y Sicilia y, desde aquí, al resto de la actual Italia. Los antiguos griegos utilizaban ya las ramas de olivo para confeccionar coronas con las que premiaban a los ganadores en los Juegos Olímpicos, y la madera del olivo era usada para la fabricación de utensilios y para hacer fuego. Tanta magnitud llegó a tener el olivo, para la cultura griega, que creían que los hijos de sus dioses nacían bajo la sombra de este árbol. Los romanos terminaron de extender el cultivo del olivo por los restantes países costeros del mar Mediterráneo. Además, utilizaban la madera del olivo para esculpir las estatuas de sus dioses y los cetros y para fabricar instrumentos de combate.

En Europa, pues, el olivo entró por Grecia, y la elaboración del aceite de oliva está documentada en libros de historiadores como Heródoto. Los griegos fueron unos grandes propagadores del cultivo del olivo. En ello influyó el sedentarismo de los hombres guerreros, lo que derivaría en el nacimiento de las ciudades estado griegas. Por lo tanto, se puede decir que el cultivo del olivo ayudó en la formación de las primeras ciudades de este pueblo.

En España fueron los fenicios y los griegos quienes lo introdujeron, y fueron los romanos quienes lo expandieron, sobre todo con la llegada de las legiones de Escipión (siglo II a. C.), cuando se convirtió en uno de los cultivos más importantes, junto con la vid. El emperador Adriano adoptó la rama de olivo para simbolizar la Hispania romana. Se sabe que desde Tortosa se exportaba vino y aceite a Roma. En la villa romana de Vilarenc, en Calafell, y también en varias zonas del Baix Camp, se han hallado restos de instalaciones destinadas a la producción del aceite. El aceite, llamado *oleum*, era considerado un producto de lujo. La historia cuenta que en tiempos del emperador Trajano había tantos árboles en Hispania que una ardilla podía cruzar la Península, de los Pirineos hasta Gibraltar, saltando de rama en rama. Durante los siglos paleocristianos, el

Prensa para la obtención del aceite. Fundació Parc Temàtic de l'Oli. Les Borges Blanques.

olivar se cultivaba no solo en el litoral catalán, sino en el interior de Catalunya, en tierras de Lleida, pues así lo confirman los hallazgos aparecidos en Seròs, y que hoy se encuentran en el museo del Institut d'Estudis Ilerdencs de la ciudad de Lleida. De los principales puertos del litoral Mediterráneo, y también desde Cádiz, partían barcos cada día cargados con ánforas de aceite para abastecer los mercados de la capital imperial. Sin embargo, tras la caída del Imperio romano, la cultura del aceite se estancó.

Con la llegada de los árabes, a principios del siglo VIII, se volvió a recuperar la costumbre de consumir aceite de oliva. Debemos destacar que los árabes fueron también grandes impulsores del cultivo del olivo, que perfeccionaron y difundieron, incluso dentro de la península ibérica. Muchas de las palabras que se utilizan al hablar del olivo y del aceite derivan del árabe, tales como *algorín*, *almazara*, *alpechín*, *azzaid* (que significa 'aceite') y *az-zaitouna* (que significa 'aceituna'). La tradición cristiana ha utilizado también el aceite en los ritos sagrados y ceremonias religiosas, como los santos óleos utilizados en el bautismo y otros sacramentos.

Durante la Antigüedad clásica ningún otro árbol fue tan útil, valioso, importante y venerado como el olivo por los pueblos mediterráneos. Este árbol era símbolo de riqueza, fama y paz. Sus ramas se utilizaban para la coronación de los vencedores de batallas y de juegos deportivos. El aceite servía para ungir a grandes personajes y también para el cuidado del cuerpo. Era, además, utilizado para el culto a los muertos y en las ceremonias religiosas, y también como elemento de intercambio por otros productos valiosos. Dicho aceite era también empleado para dar luz mediante las lámparas que servían para iluminar viviendas, palacios y templos. Estas lámparas posteriormente se utilizaron en toda Europa y estaban hechas de diversos materiales, como el barro, la cerámica, el vidrio, el bronce, el cobre e incluso plata y oro. Otro elemento aprovechado del olivo era su fruta, las aceitunas, las cuales ya figuraban como adorno en vasijas que servían para guardar y transportar el aceite. Un tercer elemento aprovechado del olivo fue su madera, con la cual fabricaban muebles e incluso se hacían obras de arte. La importancia del olivo era y ha sido, pues, importante, y en muchas ocasiones se le ha considerado «el árbol de la vida».

No debe sorprender que el hombre empezara, ya muy pronto, a mejorar todo lo relacionado con el olivo. El aumento de las cosechas y la mejora de la calidad del aceite hicieron aumentar sus beneficios, y con ello también el bienestar de los pueblos que lo cultivaban. Alcanzó también gran importancia el transporte del aceite de oliva, que se realizaba en ánforas y vasijas de barro, bien por vía terrestre, bien por vía marítima. El aceite de oliva sirvió como elemento de integración, al incorporarse a los productos llegados del Nuevo Mundo, a finales del siglo XV. Estos productos (como el pimiento, el tomate, la patata o el maíz, entre otros) llegaban con las recetas del país de origen, pero a través del aceite evolucionaron para adaptarse a los usos de la cultura receptora.

A partir del siglo XVI el sector experimentó un periodo de prosperidad. Tras el descubrimiento de América, en 1520 se inició la plantación de olivos en el nuevo continente. Argentina, Chile, California y México tuvieron las primeras plantaciones de olivos. En una primera etapa, todos los países productores de aceite de oliva eran a su vez consumidores; así, era de poco volumen el tráfico del aceite entre países productores y otros países consumidores. Fue en la Revolución Industrial cuando se empezaron a utilizar, de una manera más sofisticada, las primeras prensas. Ello dio lugar al inicio de la industrialización del proceso de obtención del aceite. También en este mismo siglo, tras estallar la crisis de la vid, se plantaron nuevos olivos y se introdujo la variedad de la aceituna arbequina, que producía más rápidamente. Fue en ese momento que empezaron a destacar los tres primeros países productores del aceite de oliva: España, Italia y Grecia. Durante estos años comenzó también la industrialización del aceite de oliva en España, aunque no tuvo una verdadera comercialización hasta dos siglos después.

En el siglo XVIII, en Catalunya, concretamente en la provincia de Lleida en el año 1751, Francesc de Bassecourt, varón de Maials y señor de Llardecans, hizo las primeras plantaciones de olivos en los pueblos citados de Maials y Llardecans, comarca de les Garrigues. Y en 1763, el duque de Medinaceli, en la población de Arbeca, favoreció la plantación de olivos, de la clase arbequina, ofreciendo dinero por cada olivo que plantasen los habitantes de dicha localidad. Debido a que ello tuvo lugar en la población de Arbeca, a la clase de olivos que se plantaron se los llamó arbequinos. Por ello, hoy en día dicha clase de aceituna se sigue denominando arbequina. Era la producida en la provincia de Lleida, especialmente en la comarca de les Garrigues, que luego se extendió a comarcas vecinas de la provincia de Tarragona. Posteriormente aumentó su área y hoy en día también existen plantaciones en el sur de España y en otros países, como Argentina, donde el aceite obtenido de esta aceituna es muy apreciado y de gran calidad.

Es a partir del siglo XVIII cuando algunas zonas de Catalunya, como el Empordà, la Ribera d'Ebre y el Segrià se especializaron en el cultivo del olivo. A principios del siglo XIX, la subida de los precios del aceite propició la expansión de este cultivo. En la población de les Borges, provincia de Lleida, hacia 1880 había ya diez molinos de aceite y veintisiete prensas.

En los inicios del siglo XX, el olivo era el tercer cultivo de Catalunya, después de la vid y del trigo. En este mismo siglo aumentaron las exportaciones de aceite de países productores a países consumidores. Los olivos más antiguos de Catalunya se encuentran en la comarca del Montsià, en el sur de la provincia de Catalunya, donde se pueden hallar los llamados olivos milenarios. Es también a principios

Prensa y otra maquinaria utilizada para la obtención del aceite. Cooperativa de Alfés.

de este siglo cuando surgen las primeras cooperativas, con la finalidad de unir esfuerzos y hacer frente al caciquismo de los empresarios oleícolas del momento. La expansión será continuada hasta el año 1930. Estos primeros años del siglo XX conforman la época dorada del comercio de los aceites catalanes.

La crisis económica que tuvo lugar en los años treinta en Estados Unidos y la política franquista en España perjudicaron el cultivo de dicho árbol, ya que dicha coyuntura dificultó la exportación del aceite de oliva, dado que España aplicaba políticas económicas de proteccionismo. Al finalizar la Guerra Civil española, en los años cuarenta la política nacional de intervención (SENPA) y de control aplicada en España perjudicó los aceites catalanes de alta calidad, ya que los precios señalados no cubrían los costes de producción, que eran más elevados que en otras zonas de España. Debemos citar también las graves heladas que sufrió Catalunya, entre las que destaca la del año 1956, que motivaron que se sustituyeran diez mil hectáreas de olivo por otros cultivos.

En Catalunya se obtuvo la primera denominación de origen española. En el año 1975 se obtuvo la D. O. Borges, que posteriormente pasó, en 1994, a llamarse D. O. Garrigues. Mientras tanto, en 1977 se obtenía en Catalunya otra D. O.: Siurana. En los años siguientes, tanto en Catalunya como en el resto de España se han ido creando otras denominaciones de origen, que se citan posteriormente. La crisis del aceite, en el interior de España, no empezó a ver su fin hasta finales del año 1986, fecha de entrada de España en la UE. Debido a la obtención de las ayudas a la producción del aceite de oliva pudo tener lugar una renovación tecnológica que incrementó la producción y la calidad del aceite.

El surgimiento del llamado *marketing* y de la informática potenció posteriormente de forma significativa el comercio de este excelente producto por todo el mundo. Sin embargo, la utilización de aceites de semillas ha influido en la disminución del cultivo del olivo, ya que los primeros resultan más baratos de producir.

Al proceso de recuperación del olivo que ha tenido lugar en las últimas dos décadas en España, la política de subvenciones recibidas de la UE ha influido de manera significativa, así como la divulgación de las virtudes y los efectos saludables de la llamada dieta mediterránea, de la que el aceite de oliva es uno de los ingredientes más importantes. La agricultura ecológica, en los últimos años, ha contribuido también a potenciar este sector. Hoy en día, tanto en Catalunya como en el resto de las regiones españolas, se produce un aceite de gran calidad y con un buen envasado. Si se logra mejorar su comercialización, este sector tendrá buenas perspectivas y un futuro prometedor.

El olivo

El olivo pertenece a la familia oleáceas. De las varias especies que existen dentro de esta familia, la única con fruto comestible es la *Olea europaea*, a la cual pertenece el olivo cultivado, ya que también hay olivos silvestres o no cultivados. Los olivos silvestres pertenecen a la variedad *sylvestris*, mientras que los olivos cultivados pertenecen a la variedad *sativa*.

Aproximadamente, la suma de los olivos existentes asciende a mil millones de árboles, que ocupan una superficie cercana a diez millones de hectáreas. El 98% del total se sitúa en países mediterráneos; el 1,2%, en países del continente americano, y el resto, en Asia y Oceanía. La mayor concentración de plantaciones de olivo se encuentra entre las latitudes de 30° y 45°, tanto en el hemisferio norte como en el sur, en regiones con clima de tipo mediterráneo, que se caracterizan por un verano seco y caluroso, y un invierno no extremo.

Unos ochenta millones de olivos se benefician del agua de riego mediante diferentes sistemas, aunque el más utilizado es el del goteo, que vive un claro aumento, ya que cada vez son más las superficies que se van transformando de secano a regadío. La producción de aceitunas alcanza una media anual cercana a dieciséis millones de toneladas, de las que el 85% se destina a la obtención de aceite y el 15% restante se consume como aceitunas de mesa. Algunos autores ubican los orígenes del cultivo del olivo en Palestina. Sin embargo, las pruebas físicas, científicas y recientes nos trasladan al norte de África, donde se han encontrado restos fosilizados de un olivo perteneciente al Paleolítico.

En España, primer productor de aceite y de aceitunas a nivel mundial, los olivos se reparten por casi todo el territorio. Sin embargo, destaca de forma contundente la región de Andalucía. Únicamente las comunidades autónomas de Galicia, Asturias y Cantabria no son productoras ni de aceitunas ni de aceite. La superficie

Olivo centenario. Fundació Parc Temàtic de l'Oli. Les Borges Blanques.

del olivar en España alcanza dos millones y medio de hectáreas, de las que millones se encuentran en tierras de secano y el resto, en tierras de regadío. Cada vez más, la superficie transformada en regadío es mayor y disminuye la de secano. Destaca, pues, Andalucía, con un millón y medio de hectáreas de olivar, seguida por Castilla-La Mancha, con 340 000 hectáreas; Extremadura, con 265 000 hectáreas; Catalunya, con 119 000 hectáreas; Valencia, con 100 000 hectáreas, y el resto del olivar tiene ya escasa importancia.

Un olivo puede alcanzar, en su etapa adulta, de cuatro a ocho metros de altura. Su tamaño dependerá de la variedad y del emplazamiento del cultivo. Suele tener un porte abierto, con una copa redondeada y densa. El tronco tiene, por lo general, bastante grosor, y su corteza es de color gris o verde agrisado. El olivo pasa, en su desarrollo, por dos etapas importantes: la juvenil y la adulta. La etapa juvenil se caracteriza por una mayor capacidad de enraizamiento y por sus hojas, que tienen más grosor y son de menor tamaño, además de que sus ramas poseen entrenudos pequeños. La etapa adulta se distingue por su disposición reproductora. El árbol pasará, pues, de la etapa juvenil a la adulta en un periodo de cinco a ocho años.

Las ramas que se encuentran normalmente más cerca del suelo son las más jóvenes. Existen los llamados olivos milenarios, cuyos troncos alcanzan dimensiones mayores a las normales, al igual que en su diámetro de copa. El olivo se distingue de las demás especies frutales, pues, por su gran longevidad. Otra característica es su gran rusticidad, hasta el punto de que es posible su cultivo en climas subáridos y en suelos pobres. Otra particularidad es el gran desarrollo que puede alcanzar en regiones donde no se podan: se pueden ver viejos olivos de diez metros de altura y con troncos de uno y medio a dos metros de diámetro. El olivo se multiplica fácilmente por vía vegetativa. El poder de enraizamiento que tiene ha permitido que su cultivo se mantenga en el curso de los siglos.

El tronco del olivo, en zonas húmedas, aunque la madera es muy dura, puede sufrir alteraciones que pueden llegar a destruir su centro. En la actualidad, y en plantaciones nuevas, la tendencia es reducir al mínimo el desarrollo del tronco. En España, concretamente en Andalucía, las viejas plantaciones están constituidas con olivos formados a tres pies, es decir, el árbol posee tres troncos distintos. Las ramas, que podrán ser principales o secundarias, son gruesas ramificaciones destinadas a formar el armazón del árbol. Las ramas principales nacen en el tronco y es en el momento de las primeras podas de formación cuando comienzan su crecimiento. La forma del árbol se crea en función de la buena elección de esas ramas principales. Las ramas secundarias se desarrollan sobre las principales, forman numerosas ramificaciones y tienen ramos de hojas y de frutos. La madera de la poda se utiliza a veces para la propagación del olivo a partir de gruesas estacas. En cuanto a su cuidado, hay que tener en cuenta que accidentes climáticos como heladas y quemaduras del sol, el viento, la nieve y el granizo pueden dañar las ramas principales.

Detalle de un olivo arbequino, en el que se pueden apreciar ya los pequeños frutos.

Aceitunas arbequinas en el olivo, antes de su recolección.

El olivo es un árbol de hoja perenne. Las hojas del olivo, de composición elíptica, suelen permanecer en el árbol de dos a tres años. Presentan una longitud de tres a nueve centímetros, mientras que su ancho oscila entre un y dos centímetros. Tiene los nervios centrales bastante marcados, pero los secundarios son poco aparentes. El haz de las hojas es reluciente, de color verde oscuro, y el envés presenta un aspecto plateado. Las hojas pueden ser dañadas por numerosos parásitos, entre los cuales citaremos la negrilla, el repilo, el arañuelo e insectos que se alimentan del contorno del limbo. La hoja es la sede de la síntesis orgánica de la vida del árbol.

Los ramos fructíferos son los brotes que se han desarrollado durante la primavera y el otoño del año precedente, los cuales llevarán las flores y, más tarde, los frutos. La flor, pequeña, está constituida por cuatro sépalos, cuatro pétalos, dos estambres y dos carpelos. Las flores son los órganos más sensibles a las inclemencias del tiempo y, como las hojas, tienen depredadores que les pueden causar graves daños y reducir la producción. Las flores florecen entre mayo y julio, cuando la temperatura media está alrededor de los 15 °C. El desarrollo del polen se produce a lo largo de las seis semanas que preceden la fase de floración, y la liberación del polen durará unos cinco días. Se calcula que solo el 5% de las flores desarrolla aceitunas. En el mismo árbol se pueden encontrar tres tipos de flores: las flores completas, que tienen pistilo y estambre; las flores que solo tienen estambres, y las flores que solo tienen pistilo. El proceso se finaliza cuando de la flor nace el fruto.

La aceituna es una drupa de mesocarpio carnoso y rico en lípidos. Su forma es elipsoidal u ovoide, y sus dimensiones varían según las variedades existentes. El fruto puede caer, normalmente, en junio, lo cual es saludable, pues constituye un aclareo natural. Puede pesar hasta diez gramos. Su longitud oscila entre un y cuatro centímetros, y su diámetro, entre medio y dos centímetros. Su estructura está formada por tres tejidos: el endocarpio, más conocido como el hueso de la aceituna; el mesocarpio, que es la pulpa; y el epicarpio, que es la piel. Todos estos tejidos

Detalle de floración de un olivo arbequino.

forman el pericarpio. El hueso comienza su crecimiento en la fecundación, mientras que la parte carnosa continua aumentando hasta la maduración. El epicarpio es la capa exterior de la aceituna, formada por la epidermis. Las aceitunas suelen ser de color negro cuando están maduras, aunque existen variedades que presentan tonalidades rojizas o violetas. Como muestra de aceitunas de tamaño pequeño, podemos citar la arbequina, y entre las de gran calibre, destaca la gordal sevillana. Los primeros frutos que caen son los que han tenido una fecundación incompleta y una alimentación deficiente. En la fase de maduración, la aceituna se enriquece en aceite. Llegado el momento de su recolección, dicha tarea debe realizarse en el momento óptimo ya que luego pierden peso, pueden caer y pueden oxidarse, todo lo cual altera la calidad del aceite que de dichas aceitunas se pueda obtener. Las variedades que se cosechan «en verde» son recolectadas en septiembre y octubre, antes de su completa madurez. La maduración total se produce entre los meses de noviembre y enero. La pulpa de la aceituna está formada por agua, sustancias grasas, azucares, proteínas, ácidos orgánicos, taninos, sustancias colorantes y sustancias minerales. En cuanto a la maduración de la aceituna, no se dispone de criterios objetivos y por ello es difícil de definir. La etapa de maduración es decisiva para la preparación para el consumo como aceituna de mesa. Por consiguiente, la determinación del momento de la recolección hay que ajustarla a las condiciones climatológicas, a las características del terreno y a la forma de cultivar el olivo.

En la forma de la raíz influyen las condiciones del suelo y la manera según la cual se ha originado el árbol. Cuando el olivo proviene de una semilla, surge en sus inicios una raíz que impera sobre las otras, por lo que apenas nacen raíces laterales de importancia. Están también los árboles, u olivos, de vivero. Por otro lado, características del suelo también influirán en la ramificación, profundidad y extensión de las raíces. También incidirá en ello la cantidad de agua que reciba el árbol y el nivel de aireación a la que esté sometido.

La plantación del olivo

Este árbol requiere climas templados, aunque cuanto más pequeño es su fruto, mejor soporta los fríos. Los suelos más apropiados son los calcáreos y volcánicos de buena permeabilidad. Prefieren las laderas poco inclinadas o las llanuras, por motivos de enraizamiento. La multiplicación puede efectuarse por semilla, por raíz del olivo silvestre o bien plantando otro olivo pequeño. La rentabilidad económica es el objetivo que debe perseguir toda plantación comercial de olivar; en ello incidirán varios factores, como, por ejemplo, la forma según la cual se ejecuta dicha plantación y la variedad de olivo empleada. Para que un olivar sea rentable, deberá ofrecer un producto aceptado por el mercado, tener un periodo improductivo lo más corto posible, aprovechar al máximo el medio natural en el que crece y poderse mecanizar. Teniendo en cuenta que al realizar una plantación de olivos estamos haciendo una inversión a largo plazo, deberemos realizar los estudios previos oportunos a fin de conocer la variedad a emplear, el suelo y sus características, el clima y otros factores que puedan condicionar la rentabilidad de dicha plantación. Los olivos que plantemos deberán ser plantas de calidad, bien desarrolladas y sanas. La plantación definitiva se efectuará a finales de invierno, en suelos secos, y si el suelo es húmedo se aguardará a que llegue la primavera. La distancia entre los árboles dependerá de si la plantación a realizar tiene un enfoque tradicional o bien si es de alta intensidad. En las plantaciones no intensivas, tradicionales, los olivos se suelen plantar de seis por cinco metros, de forma que permita la recolección por vibrador. Sin embargo, en las plantaciones de alta intensidad, la disposición de los olivos será de tipo palmeta y mucho más espesos, y deberá permitir un alto grado de mecanización, tanto en la poda como en la recolección, mediante las llamadas cosechadoras.

Las nuevas plantaciones de olivos atienden a la necesidad imperiosa de renovar el viejo patrimonio oleícola. Para ello, los países productores deben orientar su producción de plantas de olivo hacia un cultivo intensivo, de modo que es necesaria la utilización de la multiplicación en vivero. Las variedades reconocidas por su buena calidad germinativa son las siguientes: en España, la verdial y la arbequina; en Italia, la *moraiolo* y la *frantoio*; y en Argentina, también la arbequina. Las nuevas plantaciones deberán tener en cuenta que los árboles tengan una buena iluminación, ya que ello aumentará la producción, el tamaño de las aceitunas y su contenido graso, por lo que deberemos eliminar posibles sombras entre unos árboles y otros. A poder ser, la nueva plantación deberá contar con un sistema de riego, el goteo, ya que este es el más utilizado. El diseño correcto de la plantación facilitará el alcance de los objetivos citados y la rentabilidad de dicha plantación. Las variedades elegidas deben tener en cuenta las épocas de floración, a efectos de la debida polinización, y también las épocas de maduración, a fin de permitir una recolección escalonada. En las plantaciones llamadas permanentes, la densidad inicial se mantiene durante toda la vida del olivar. La cantidad de olivos que tienen esas plantaciones va de los doscientos a los trescientos por hectárea, con el árbol en forma de copa. En las llamadas temporales, la densidad será de cuatrocientos a seiscientos olivos por hectárea, a fin de obtener producciones altas en los primeros años de vida de la plantación; posteriormente, al descender las producciones, se arrancará parte de los olivos, de modo que se reducirá la densidad inicial. La necesidad de disponer de calles amplias entre las hileras de los olivos, a fin de poder mecanizar dicha plantación, siempre hay que tenerla presente. Una distancia correcta sería de siete metros entre hileras, y de cinco metros de un olivo a otro en la misma hilera. La alineación de los árboles nos facilitará el manejo posterior de dicha plantación. Hay que tener cuidado con el traslado de las plantas desde el vivero hasta la plantación. Además, el tronco de la nueva planta debe crecer en posición vertical, y tiene que contar con una protección en su base a fin de evitar roces y heridas en el futuro árbol, las cuales pueden dar origen a la entrada de plagas y enfermedades. Para mantener el tronco en posición vertical, se suele utilizar el llamado tutor, que debe ser fuerte, para evitar el efecto de los vientos; tener una altura suficiente, ya que sus primeros cincuenta centímetros irán enterrados; y sobresalir a la altura donde se vaya a formar la cruz, aproximadamente a un metro. Se deberá evitar los rozamientos del tronco con el tutor.

Cuando los plantones llevan ya en las nuevas parcelas de cultivo de doce a dieciocho meses, se puede proceder al llamado injerto, tarea que se suele realizar en primavera. Los injertadores trabajan normalmente en equipo, con el objetivo de realizar mejor dicha tarea. La utilización del injerto clásico requiere de cuatro a cinco años para la obtención de una buena planta, lo cual incrementa mucho su coste. El injerto solo se ha usado en zonas de tradicional industria de viveros, como la Toscana, en Italia, o el Levante español, o para cambiar de variedad en olivares adultos. El sistema tradicional más usado en España consistía en el enraizamiento de estacas leñosas, aunque desde hace un tercio de siglo, se vienen utilizando estacas más cortas. Ante la moderna olivicultura, constituida por olivos de un solo pie, los olivareros muestran reparos basados en la creencia de que la pérdida en un olivo de un tronco es más grave que la de una pata de otro de tres. Sin embargo, el crecimiento del olivo replantado es mucho más rápido si los árboles o troncos más próximos están a unos seis metros que si están justo al lado. El enraizamiento se considera óptimo si las estaquillas se toman de olivos crecimiento vegetativo en activo. A fin de evitar su desecación, el material vegetal a utilizar tiene que conservarse en fresco. A continuación, una vez preparadas las estaquillas, conviene tratarlas con una solución fungicida, como precaución contra el desarrollo de enfermedades durante el periodo de enraizamiento. Actualmente hay formulas comerciales para ello, tanto en líquido como en polvo.

El enraizamiento se consigue al final de unos dos meses. Los injertos de taller utilizan una púa o yema normal y un patrón de bastante menor tamaño que los empleados en vivero. La fase de cicatrización del injerto requiere la utilización de mesas cerradas. Además, los métodos de injerto a emplear deben ser los que no dependen de la buena separación de la corteza. La eliminación de las hojas de la estaquilla favorece el prendimiento y la brotación de la púa si la estaquilla ya está enraizada al injertarle la púa, pero no es así cuando el injerto y los enraizamientos se hacen simultáneamente. Al cabo de un año ya se podrá elegir las tres ramas principales que constituirán el armazón del olivo. Una vez formada dicha estructura, la poda debe limitarse a eliminar los brotes vigorosos.

Al compararlas con las tradicionales, estas plantas también permiten adelantar la entrada en producción del olivar y tienen una estructura más adecuada para la mecanización integral del cultivo. El reglamento técnico de control y certificación de plantas de vivero, que incluye el olivo, define dos tipos de plantas de vivero: la CAC y la certificada. La producción de material certificado se hace bajo condiciones estrictas. Los viveristas productores de plantas de vivero certificadas tienen que cumplir los requisitos de pureza varietal y estado sanitario. El organismo oficial responsable es el Ministerio de Agricultura, y la ejecución de las operaciones necesarias para el control y certificación corresponde a los órganos competentes de cada comunidad autónoma. Actualmente, el Consejo Oleícola Internacional (COI) está coordinando la elaboración de un sistema de certificación común para sus países miembros.

El cultivo del olivo

Anteriormente se ha expuesto que el olivo es un árbol propio de climas mediterráneos, lo que significa que es más sensible al frío que otros frutales. No obstante, experimenta un endurecimiento causado por los fríos progresivos del otoño y entra en periodo de reposo, en el cual se hace resistente a temperaturas inferiores a 0 °C. En dicho estado, las temperaturas entre 0 °C y −5 °C causan pequeñas heridas en brotes y ramas de poca edad; las temperaturas de −5 °C y −10 °C, pueden causar daños mayores a brotes y ramas, y las temperaturas inferiores a −10 °C causan la muerte a ramas de gran tamaño e incluso a toda la parte aérea del árbol. Durante el periodo de crecimiento y maduración del fruto, temperaturas inferiores a 0 °C lo dañan, ya que reducen su producción y disminuyen la calidad del aceite obtenido.

La textura del suelo también influirá en el crecimiento de las plantas y en ello incidirá el manejo que el olivicultor realice del propio suelo. En términos generales, podemos decir que el olivar de secano prefiere suelos de texturas menos finas, cuanto menos abundante sea la pluviosidad, pues a medida que la textura se hace más fina la pluviosidad requerida para que el cultivo se desarrolle es mayor. La presencia de pequeñas piedras en el terreno influye de modo diverso en la aptitud para el cultivo del olivo; a ello se le denomina *pedregosidad*. Cuando esta es abundante, llega a interferir en las labores del cultivo del olivo. El suelo del olivar debe tener una buena aireación y evitar el encharcamiento. Se deberá evitar en mayor medida la erosión potencial del suelo, que aumenta según su pendiente. Ello supone un problema en plantaciones de olivar que están en la sierra, debido a que el control de la erosión no es fácil, aunque en pendientes menores del 6%, la erosión se puede disminuir mediante sistemas de manejo del suelo.

Las características químicas del suelo también deben ser estudiadas antes de iniciar una plantación de olivos. Hay que tener en cuenta el pH, la salinidad, el exceso de sodio y otros factores químicos. Los suelos más ácidos no son aconsejables. Si la concentración de sales es alta, las plantas tendrán dificultad para absorber las aguas del suelo, aunque el olivo resiste mejor la salinidad que otros árboles frutales. Durante el año, el cultivo del olivo necesitará de las siguientes labores agrícolas: arar al menos tres veces al año y podarlo y abonarlo al menos una vez al año. También, y más últimamente, dichos árboles se deben sulfatar, a fin de prevenir y erradicar posibles enfermedades derivadas de la climatología y de largas sequías. En otro apartado nos referiremos, más detenidamente, a las llamadas plagas.

El riego del olivar será imprescindible en el buen desarrollo de la futura plantación. Hay que tener en cuenta que no todas las plantaciones podrán utilizar el riego, por lo que deberemos diferenciar entre el olivar de secano y el olivar de regadío. Tradicionalmente el olivar se ha cultivado mediante plantaciones de secano, con producciones aceptables, ya que el olivo es un árbol capaz de sobrevivir a periodos de intensa sequía. En el momento de la transformación de un olivar en regadío, como en el momento de aplicar los riegos, se plantea una serie de interrogantes que deben ser contestados para definir una estrategia óptima de riego. Nos referimos a preguntas como ¿cuáles serán las necesidades estacionales de riego?, ¿cómo deberá repartirse el agua en el tiempo?, ¿cuál será el techo de producción bajo riego?, ¿cuál será la dotación óptima con escasez de agua de riego? y ¿cuál será la máxima eficiencia a obtener en el uso de agua de riego?

Las necesidades de agua por olivo y día en el primer año son muy bajas, con aportaciones semanales de setenta litros por olivo. Cuando la plantación se hace en secano, es necesario aportar agua en los primeros años para acelerar su desarrollo, a fin de conseguir que la planta tenga sus necesidades de agua parcialmente cubiertas. El número de riegos no debe ser, en estos casos, inferior a cuatro al año. En las plantaciones de regadío adultas, el primer riego se debería realizar a finales de marzo, si es un año seco, o en abril, con aportaciones de agua importantes durante la floración. El segundo riego se debería realizar a finales de junio; el tercero, a finales de julio; y en el siguiente, a finales de agosto, se puede ya reducir la cantidad de agua para volver a regar de forma importante en septiembre, en el momento del crecimiento de la aceituna. Con relación a ello, y para obtener una mayor eficacia, deberemos realizar el correspondiente estudio de las necesidades de la plantación en cuestión, a fin de proporcionar las dosis necesarias. Dicho estudio deberá tener también presente la topografía del terreno y la naturaleza del tipo de aguas utilizadas. Para satisfacer las necesidades de una hectárea de olivos, de forma general el sistema de riego deberá funcionar cinco meses consecutivos, aunque hay que tener en cuenta que dicho árbol teme el exceso de agua en sus raíces porque les dificulta respiración.

Los suelos arenosos presentan una baja capacidad de reserva de agua; por el contrario, los suelos fuertes y arcillosos la retienen mejor. La pluviometría y la temperatura van a desempeñar un papel importante en la constitución de las reservas de agua del suelo. Según las condiciones climáticas de la zona, el olivicultor deberá aportar mayor o menor dosis de agua a cada árbol. En los sistemas modernos de riego se utiliza la programación, es decir, técnicas que permiten calcular cuándo regar y qué dosis aplicar para alcanzar el objetivo deseado. Los programas de riego se llevan a cabo generalmente por el sistema de goteo, que parece el más adecuado en el caso del olivar, ya que su eficiencia es mayor, y se encuentra en torno al 90%. Una estrategia correcta sería la aplicación de una dosis bruta anual de 215 ml, en función de las condiciones climatológicas y ambientales que tengan lugar cada año, aunque se deberá prestar especial atención a los inviernos secos, en los que los riegos tendrán que comenzar antes. En ocasiones se puede llegar a alcanzar valores superiores a los 500 ml anuales, en el caso de plantaciones intensivas en zonas áridas. A pesar de todo, será necesario investigar más en este aspecto, ya que nos movemos aún en un contexto de cierta incertidumbre y falta de información específica para este cultivo.

La fertilización o abonado del olivar será también muy importante en su desarrollo e incidirá directamente sobre su producción. Aquí diferenciamos también entre el olivar de secano y el olivar de regadío. En los dos casos la fertilización deberá ser correcta. En la fertilización y abonado se podrá utilizar abonos químicos o bien abonos orgánicos. Las características de cada suelo de cada plantación serán determinantes y condicionarán el tipo de abonado a realizar. Para ello deberemos realizar un correcto análisis del suelo y un análisis foliar. Según los resultados obtenidos de los análisis realizados en el suelo de la plantación, deberemos realizar las siguientes interpretaciones:

- Nivel bajo: los nutrientes son escasos y los cultivos responderán positivamente a la aportación de dichos nutrientes;
- Nivel medio: las disponibilidades del nutriente son adecuadas y su aplicación no mejorará de forma sustancial el rendimiento;
- Nivel alto: los nutrientes ya son más que suficientes y no limitan el rendimiento del cultivo; por ello, la aportación de más nutrientes no mejorará el rendimiento económico.

Debemos tener en cuenta que las necesidades nutritivas de un árbol joven son diferentes de las de un árbol adulto, y que las de un olivar plantado en un suelo fértil son también diferentes de las de un olivar plantado en un suelo pobre. Se estima que el abonado de un olivar supone entre el 5% y el 10% de los costes anuales de cultivo; sin embargo, ello conlleva la tendencia de aplicar más fertilizantes de los necesarios a fin de conseguir una mayor producción y calidad, ya que el agricultor, al aplicar los fertilizantes, intenta recuperar, en mayor proporción, el gasto realizado en su aplicación. Anteriormente solo se utilizaba el estiércol como abono, ya que la fertilización se basaba en la aportación de nitrógeno, fósforo y potasio, aunque el aporte de nitrógeno era el que se realizaba en mayor cuantía. Además de los tres nutrientes citados, existen otros, como el magnesio, el calcio, el azufre, el hierro y el cobre. Hay tres formas de aplicar dichos fertilizantes: a través del suelo, para favorecer su absorción por las raíces; a través de las hojas, mediante la pulverización por encima de ellas, para que penetre; y mediante inyecciones al tronco o a las ramas. La forma más tradicional de la aplicación de dichos fertilizantes es la aplicación en el suelo, distribuyendo el producto por toda la superficie de una forma homogénea, con la mano o con una abonadora. En los olivares con riego localizado se puede realizar a través del sistema de riego, mediante la instalación de un tanque de fertilización en el que se aplicarán los abonos disueltos en el agua de riego. La fertilización foliar, mediante la pulverización, es una técnica más reciente y presenta la ventaja de una utilización más rápida y más efectiva; en ello también incidirán las condiciones ambientales, como la humedad y la temperatura. Las inyecciones de los productos químicos apropiados en el tronco y ramas de los árboles, constituyen la tercera forma de aplicación. Dicha técnica no está tan extendida como las dos anteriores, y es más utilizada como control de plagas y enfermedades.

La corrección de los suelos con valores altos de pH puede conseguirse con la aplicación de azufre. Si la salinidad del suelo se debe al agua de riego, la mejor solución es encontrar otra forma alternativa de agua, ya que, si no, esta irá en aumento. Recientemente, en las nuevas plantaciones se diseña un plan anual de abonado que se basa en los análisis que se van realizando.

La poda

Es una de las tareas más importantes a realizar en el cuidado del olivar, ya que puede modificar el metabolismo del árbol. La necesidad de la poda es un hecho constatado debido a que el olivar no podado se desarrolla, al principio, más rápidamente, hasta el punto de que alcanza volúmenes superiores a los que puede soportar dicho árbol en el medio que habita. Llega un momento en que se desequilibran las relaciones hoja-madera y hoja-raíz, y para recuperar ese equilibrio es necesario practicar la poda. Esta puede realizarse de forma manual y de forma mecánica –en los últimos años, cada vez más practicada en las plantaciones de olivos de forma intensiva y de regadío–. Los principales objetivos que tratamos de conseguir al podar el olivo son varios. En primer lugar, está la formación del árbol durante su periodo de crecimiento, mediante la denominada *poda de formación*, con la que se debe mantener el equilibrio vegetativo de la copa y conseguir el máximo aprovechamiento de la luz y el aire. Seguidamente, con la *poda de producción* se intentará alargar el periodo de máxima producción, renovando y sustituyendo ramas que muestren signos de vejez. Finalmente, en la «poda de regeneración», lo mejor será el arranque de los olivos viejos para replantar otros nuevos con nuevas técnicas, de modo que se procede a la llamada replantación. En los primeros años de vida del olivo hay que podar poco, pero lo suficiente para dar una buena formación al árbol. Es importante no reducir excesivamente el tamaño de las copas de los olivos mediante podas severas, ya que, si la plantación no es de regadío y suceden varios años de sequía, podría motivar una disminución en la producción. Un árbol no podado se desarrolla en principio más rápidamente que uno podado, por lo que mediante la poda debemos equilibrar las diferentes partes del árbol y dirigir la savia entre las ramas menos favorecidas. Esta tarea favorece también el tamaño de los frutos. El podador, en la realización de esta tarea, debe tener presente que tiene que quedar una buena iluminación en el interior del olivo, por lo que es aconsejable que haya entrantes y salientes, a fin de aumentar la superficie foliar y aprovechar la radiación solar. El árbol no podado tiende a producir más frutos de los que puede alimentar, lo que le causará desequilibrios.

Tronco centenario de un olivo arbequino. Fundació Parc Temàtic de l'Oli. Les Borges Blanques.

La poda se realiza normalmente una vez finalizada la recolección. En zonas frías, se suele podar entre los meses de enero y abril, mientras que en las zonas con mayor frecuencia de heladas debería evitarse la poda en los meses de invierno y realizarla a principios de primavera. Esta tarea de podar el olivo puede ser anual, bianual, trianual, cada cuatro años... También se puede aumentar la frecuencia de los periodos o llevar a cabo la llamada poda aplazada, que equivale a la no poda y que a la larga motivará que los árboles se carguen de madera, que produzcan menos fruto, y que su interior se seque; en definitiva, provocará el abandono de dicha explotación. Actualmente las nuevas plantaciones, y más en zonas de regadío, se realizan siguiendo las características de las llamadas plantaciones de alta densidad, generalmente en forma de palmeta, con un solo tronco, las cuales están pensadas para aplicar una agricultura mecanizada con poda y recolección mecánica. Por ello los sistemas de poda en este tipo de plantaciones deben ser diferentes a los empleados en la olivicultura tradicional. La presencia de chupones es un signo de un mal reparto de la savia; por eso, deberemos eliminar los sobrantes, a fin de mantener el árbol equilibrado. Toda acción de poda tiene que estimular el nacimiento de brindillas, que al año siguiente serán ramos portadores de fruto. Antes de iniciar la actividad de la poda, los podadores deberán tener en cuenta las características del terreno, el tipo de plantación, si es de regadío o de secano, la pluviometría, el vigor actual de la plantación, la cantidad de cosecha obtenida en el año anterior y otros detalles relacionados con esta tarea a fin de conseguir optimizar su trabajo.

En los últimos años los avances tecnológicos han aumentado la mecanización de la poda, y han potenciado la utilización de las llamadas podadoras mecánicas. Dicho método elimina muchas jornadas de trabajo, aunque es más perjudicial para el olivo. Es un tipo de poda que puede ser viable en situaciones en las que se desee rebajar y rejuvenecer olivares intensivos y con excesivo volumen de copa, pero plantea dificultades para la recolección manual, por lo que en estos casos la recolección se realiza también de forma mecánica, mediante las llamadas cosechadoras.

La poda es, pues, una tarea importante a realizar en el olivo, y depende de elementos complejos y del buen sentido del podador, ya que debe evitar, al realizar su trabajo, provocar heridas en los árboles, ya que luego son aprovechadas por ciertos parásitos, portadores de enfermedades, para penetrar en el olivo.

Es importante evitar que el tamaño de los olivos supere el volumen óptimo de la copa, y en ello tendremos en cuenta si la explotación es de secano o de regadío. Un volumen de copa excesivo incide negativamente sobre el tamaño y el rendimiento del fruto y sobre la regularidad de las producciones. Para finalizar este tema, hay que decir que la tarea de la poda interviene en la vigilancia del desarrollo correcto de los olivos, a fin de mantener el equilibrio óptimo entre la fructificación y el crecimiento de dicho árbol.

Las plagas

Las plagas y enfermedades se deben tener en cuenta, cada día más, ya que afectan directamente la salud del olivo, por lo que tiene que ser un motivo de preocupación más del olivicultor. Las principales plagas del olivo son específicas de esta especie, salvo raras excepciones. El olivar, a diferencia de otros cultivos, está poco desequilibrado, desde el punto de vista fitosanitario, pues los tratamientos que en él se realizan alcanzan niveles bajos. Con la intensificación y el cambio de técnicas de cultivo están apareciendo nuevos problemas. La lucha contra las plagas del olivo sigue contando con los insecticidas tradicionales, que tienen buena eficacia y bajo coste.

Podemos clasificar en tres grupos las plagas del olivo: plagas principales, plagas secundarias y plagas de importancia local o temporal. Entre las plagas principales están la mosca, la polilla o *Prays* y la cochinilla de la tizne. Como plagas secundarias debemos citar el barrenillo palomita, el barrenillo negro, la polilla del jazmín, el abichado y la sarna. Finalmente, entre las de importancia local o temporal están la serpeta, el piojo violeta, el algodón o tramilla, el otiorrinco, los gusanos blancos, el arañuelo, el mosquito de la corteza, el taladro amarillo, las aves, los roedores y los conejos y liebres.

La mosca del olivo es la plaga más importante que afecta el cultivo del olivar. Se encuentra especialmente en la zona mediterránea, aunque también está ya presente en Estados Unidos, México y el sur de África. En invierno permanece enterrada en el suelo, de donde emerge al final de dicha estación, para permanecer en el olivar hasta el final de la primavera. En otoño las larvas desarrolladas se tiran al suelo y se transforman en pupas; de esta forma, continúan las siguientes generaciones hasta que empieza el frío. Los daños que provoca repercuten directamente en la producción y en la calidad del aceite. La pérdida que ocasiona se ha estimado que varía entre el 5% y el 10% del fruto afectado. En la aceituna de mesa los daños son más graves, ya que el fruto queda picado y se deprecia mucho. Para su control se establecen trampas olfativas, que suelen ser recipientes de plástico transparente, dispuestos en el interior del árbol, con fosfato biamónico.

La polilla del olivo, o *Prays*, es la segunda plaga en importancia con repercusión económica en el olivo. Se localiza en todos los países de la cuenca mediterránea, y tiene tres generaciones al año, que afectan la hoja, la flor y el fruto. El porcentaje de aceitunas caídas puede llegar al 3%.

La tercera plaga en importancia es la llamada cochinilla de la tizne, la cual se encuentra en todos los continentes, pero más en la cuenca mediterránea. Afecta más los olivos que se encuentran en las zonas sombreadas y en ambientes húmedos, y es muy sensible al calor y al viento seco. Sin embargo, existen diversos productos con alta eficacia contra la cochinilla. Los productos que se empleen contra esta y otras plagas del olivo deben respetar otros insectos auxiliares para que el cultivo no pierda su equilibrio.

En cuanto a las aves que producen daños en el olivar, las más importantes son el estornino, el zorzal, la grajilla y la graja. Como roedores dañinos del olivo debemos citar, en primer lugar, el topillo que roe las raíces y el cuello del olivo, debajo de la superficie de la tierra, lo que debilita el árbol. Los conejos y las liebres perjudican también las plantaciones de olivos, aunque cada vez provocan menos daños, ya que su caza ha propiciado que disminuyera mucho la población. Los daños más importantes los producen en las nuevas plantaciones, cuando los árboles tienen menos de cinco años; por ese motivo, los plantones se deben proteger con plásticos.

RECOGIDA DE LA ACEITUNA Y FABRICACIÓN DEL ACEITE

Hasta la actualidad la recogida del fruto del olivo, la aceituna, implicaba a toda la familia campesina. En esta tarea se utilizaba gran cantidad de mano de obra, con gran esfuerzo, ya que cada año se recolectaban millones de kilos. Dicha cosecha constituía un evento importante en nuestro país, y más en las zonas del sur, como Andalucía, donde se localiza la mayor producción nacional, de modo que creaba una forma o estilo de vida y una cultura propios, de los que el olivarero era el protagonista.

La fase de maduración de la aceituna tiene lugar en noviembre, y su recolección se alarga hasta finales de enero. El olivo acostumbra a producir la primera cosecha unos cuatro años después de su plantación. Durante el año, las tareas a realizar, para su cuidado, son las de podar, abonar, labrar, sulfatar y, finalmente, recoger el fruto. Todas estas tareas, hasta hace muy pocos años, se realizaban a mano. Pero actualmente se utiliza maquinaria, cada vez más moderna, la cual ha contribuido a aumentar la superficie destinada a este cultivo y a incrementar su producción.

En Catalunya, en la comarca de les Garrigues, los agricultores, en el tiempo de la cosecha, hasta hace unos años incluso dormían en los mismos campos donde recogían las aceitunas. Para ello utilizaban unas típicas construcciones de piedra, alzadas sin cemento ni hierros, solamente con piedra, a las que se denomina *masos de volta*. Estas construcciones, de las que aún quedan unas mil trescientas en toda esa comarca, no tenían ni luz ni agua corriente. En el sur de España, son famosos los cortijos, donde los agricultores viven, situados en las mismas fincas en las que se encuentran los olivos. Muchas de estas fincas son grandes latifundios, a diferencia de lo que sucede en Catalunya, lugar en el que las fincas son de extensión reducida.

Agricultor trabajando en la recolección manual de las aceitunas arbequinas. Els Torms.

La aceituna es un fruto de tamaño pequeño, y su recolección es un trabajo que presenta problemas de mano de obra y de coste. Todo ello se ha agravado en la actualidad debido a que países como Italia, Francia y España se han visto sorprendidos por el aumento del coste de la recolección y por las dificultades de encontrar, en el momento oportuno, la mano de obra eventual necesaria. La parte atribuida a la mano de obra, en costes, se situaba entre el 65% y el 85%, mientras que la atribuida a las materias primas oscilaba entre el 15% y el 20%. En zonas olivareras, a veces el problema de la mano de obra es muy importante. En Jaén, por ejemplo, para una cosecha media, que dura dos meses, son necesarios 125 000 obreros. Si la cosecha es buena, puede llegar hasta los 200 000, teniendo en cuenta que en dicha provincia la disponibilidad de la mano de obra es de unas 100 000 personas, lo que quiere decir que serán necesarios muchos miles de obreros eventuales, tanto para una cosecha media como para una buena cosecha.

Para recoger la cosecha encontramos varios métodos. En primer lugar, está la recogida única del suelo, cada vez menos utilizada ya que perjudica mucho la calidad de la aceituna recolectada y su acidez. Seguidamente, encontramos el ordeño de los frutos y vaciado en cestos, un método que también se ha dejado casi de utilizar –aunque un buen ordeñador puede recolectar unos diez kilos de fruto por hora–. A continuación está el vareo, un método en el que el recolector se ayuda de una vara para hacer caer los frutos; el problema de este método es que produce heridas a las aceitunas y también al árbol, lo que perjudica la próxima cosecha. Seguimos con la sacudida de las ramas, procedimiento que consiste en propiciar el desprendimiento de la aceituna, cuando esta alcanza su madurez, gracias a la acción de una fuerza exterior, unas pértigas de aluminio equipadas en su extremo por una pinza protegida para no perjudicar tanto el árbol. Luego está el peinado de las ramas, que utiliza los rastrillos o peines, que hacen caer los frutos. Esta operación también ocasiona daños a las ramas jóvenes. Otro tipo de recolección es la que se lleva a cabo mediante los llamados vibradores: consiste en hacer vibrar las ramas para que caigan las aceitunas una vez están maduras. Pueden ser de utilización personal, mediante pequeñas baterías, o bien accionados por tractores. Por otro lado, está el empleo de las llamadas mallas, que en la recolección de las aceitunas se utilizan ya desde hace tiempo, y que consiste en desplegar bajo el árbol unas telas o mantones. En la actualidad, se utilizan mallas de material de plástico, más económicas y fáciles de manejar, tanto en la recolección manual como en la mecánica. Últimamente también se usa el método de pulverización: con la aplicación de productos pulverizados sobre los árboles, se reduce la fuerza de adhesión de las aceitunas, las cuales caerán más fácilmente. Por último, debemos citar la recolección mecánica, de uso más reciente. Su finalidad es resolver los problemas de la mano de obra y de los elevados costes que supone la recolección manual. Sin embargo, presenta problemas, ya que, para llevarla a cabo, los árboles deben estar plantados de una manera especial. Además, deberán ser sustituidos con mayor frecuencia, lo que va a reducir su longevidad, porque la utilización de este método provoca mayores daños al olivo que los otros medios utilizados y citados anteriormente. En los árboles sin alinear y de copa no es posible realizar dicha recolección. Además, la mecanización de la recogida influye también en las características del aceite. La utilización de la maquinaria en la recolección de las aceitunas ha motivado, en fechas presentes, que dicha tarea no sea tan sacrificada, y se ha reducido de forma significativa la mano de obra utilizada.

El siguiente elemento a tener en cuenta para la fabricación del aceite es la madurez de la aceituna, que es el estado final del proceso de maduración. Uno de los parámetros que indica la evolución de la maduración es la variación del color. La aceituna, que al principio tiene un color verde, va adquiriendo una tonalidad amarillenta y al final alcanza un color negro, en la mayoría de las diferentes clases. El periodo de maduración es variable y se ve afectado por las condiciones climáticas y las características varietales. En la maduración también intervienen los ácidos orgánicos, los azúcares y los factores gustativos. En este proceso es importante saber si la aceituna en cuestión irá destinada al consumo como aceituna de mesa,

Detalle de la recolección mecánica de las aceitunas. Els Torms.

o bien se utilizará para la obtención de aceite. Las hormonas vegetales, y en especial el etileno, ejercen un papel importante en esta transformación. Recientemente los compuestos liberadores de etileno se han utilizado para reducir la fuerza de retención del fruto y facilitar su recolección mecánica. La acumulación de aceite se produce en la pulpa; el agua es otro componente del fruto, junto con el aceite, y disminuye durante la maduración. La aceituna cambia su pigmentación a lo largo de este proceso. La caída natural del fruto dependerá de su resistencia al desprendimiento; conforme avanza el proceso de maduración, dicha resistencia descenderá, hasta que el fruto caerá, aunque ello debe evitarse, recolectándolo. Durante la maduración se registran importantes cambios en la composición de ácidos grasos del aceite, como en el contenido total de esteroles, que disminuye, lo que incide en las características organolépticas de los aceites, ya que se obtienen aceites menos amargos y con caracteres sensoriales menos marcados a medida que avanza dicho proceso.

Cuando la aceituna alcanza su punto óptimo de maduración es necesario recolectarla y transportarla rápidamente a la almazara, o sea, el molino, donde, después de limpiarla, se exprime mediante procesos mecánicos para la obtención del preciado aceite de oliva, a través de un proceso de extracción «en continuo». Gracias a las innovaciones tecnológicas aplicadas a ello se ha conseguido mejorar la calidad de dicho aceite y potenciar, en los últimos años, la producción «ecológica» del aceite de oliva. Con la producción integrada se evita la utilización de productos químicos agresivos, que se suelen utilizar para controlar las plagas y enfermedades que afectan el olivo.

En todo este proceso de recogida y elaboración del aceite hay que tener en cuenta las siguientes recomendaciones: es mejor recoger la oliva algo verde que excesivamente madura; la recolección debe hacerse de forma continua y algo rápida, sin prolongarla más de lo debido; no hay que escaldar la pasta más que lo justo y se deberá separar del agua lo antes posible; hay que decantar cuanto antes el aceite para separarlo de los residuos, a fin de evitar que se impregne de malos olores; y, por último, la limpieza en todo el proceso debe ser máxima.

La elaboración del aceite ha sido también, hasta la actualidad, muy tradicional. La tecnología aplicada a la elaboración del aceite, en los últimos años, ha experimentado grandes avances, y hoy en día se utilizan máquinas muy sofisticadas, que ahorran mucha mano de obra y consiguen una gran calidad en el aceite obtenido. La recogida de la aceituna debe realizarse en el momento adecuado y no hay tardar, a ser posible, más de veinticuatro horas en la obtención del aceite, a fin de evitar

Detalle de una prensa tradicional para la obtención del aceite. La Pobla de Cérvoles.

efectos de oxidación en dicha obtención. Es importante limpiar y lavar las aceitunas antes de proceder a la obtención del aceite. También hay que tener en cuenta la temperatura, ya que el prensado «en frío», a una temperatura no superior a los 25 °C, ayuda a obtener un aceite de mayor calidad.

Las fases del proceso de la elaboración del aceite son la molturación o triturado, el prensado y la decantación. La aceituna, una vez recogida y limpia, debería molturarse el mismo día de la recolección, o como muy tarde el día posterior. La molturación rompe la aceituna y la convierte en una masa, de la que, luego, se extrae el aceite. Este proceso se ha realizado de maneras muy diferentes, desde la utilización de la gran piedra cilíndrica movida por palos, que machacaba la aceituna sobre otra piedra fija, llamada solera, hasta los modernos molinos de acero inoxidable, que trituran el fruto girando a más de tres mil revoluciones por minuto. En cuanto al prensado, en un principio se realizaba mediante el paso del tiempo; después, se comenzaron a utilizar las llamadas prensas, que han sido la esencia de la historia óleo-industrial. Este proceso consiste en separar el agua del aceite. Hoy en día, se utiliza la centrifugación; se aplica el principio de la fuerza centrífuga, a través centrifugadoras horizontales, ya que este método es el más moderno y rápido. La Revolución Industrial aceleró el proceso de extracción, lo optimizó y consiguió multiplicar los rendimientos y la calidad del aceite. Sin embargo, se ha perdido la esencia de la lentitud en todo el proceso de la extracción del aceite, y también el manejo manual del molino. En el molino todo se veía y oía, todo se palpaba y se olía, y todo ello hacía comprender mejor este proceso. Una vez obtenida la pasta, como resultado de triturar la aceituna para extraer el aceite y el agua que contiene dicho fruto, hay que proceder a la llamada decantación, que consiste en separar el agua del aceite. Ello puede conseguirse también mediante la centrifugación, que es un método más moderno y más rápido.

Los aceites de menor calidad deben ser posteriormente refinados, filtrados y destilados. Estos aceites no pueden ser comercializados como aceites de oliva virgen. En todo este proceso hay que aplicar buenos criterios de higiene, lo cual es fundamental para la obtención de un producto de buena calidad. Hay que tener en cuenta que en los métodos tradicionales utilizados para la obtención del aceite se empleaban grandes piedras cónicas, movidas primero por fuerza animal, y luego por corriente eléctrica, y también prensas hidráulicas y otro tipo de maquinaria. Hoy en día, la maquinaria moderna utilizada en este proceso es mucho más higiénica, más limpia y además acelera el proceso y ahorra mucha mano de obra.

La utilización de la centrifugación para extraer el aceite de la aceituna es una técnica reciente. Se basa en la diferencia entre los pesos específicos del aceite, del agua y del orujo y se realiza en un tambor horizontal que gira a gran velocidad.

Una vez obtenido el aceite a través de la centrifugación, se filtra, proceso en el que queda retenida el agua. Los sistemas que se emplean para separar el aceite del agua son básicamente la electroforesis, la diferencia de tensión y la centrifugación.

Del primer prensado surge el aceite de oliva «virgen extra», con una graduación menor a 1°, y el aceite de oliva «virgen fino», cuya graduación no superará los 2°. Estos dos tipos de aceite, por prescripción comunitaria, son los únicos aptos para el consumo humano. De un segundo prensado se obtiene el aceite de oliva «virgen corriente», cuya acidez no rebasa los 3,3° y que no se debería consumir de forma directa. Cuando el aceite supera los 3,3° recibe el nombre de *lampante*. Este último aceite, junto con el aceite de oliva virgen corriente, se suele refinar a fin de que sirva para el consumo humano. Hay que recordar que el grado de acidez del aceite se refiere a la proporción de ácidos grasos libres que contiene, aunque esta graduación tampoco guarda relación directa con el sabor del aceite. La acidez informa del nivel de elaboración que ha dado lugar a un producto de máxima calidad. La pulpa de la aceituna contiene sustancias responsables del sabor, del olor y del color del aceite de oliva. Aunque su color no forma parte del análisis sensorial, las tonalidades que adquiere el aceite de oliva abarcan una amplia gama de transparencias amarillas, que van desde los amarillos dorados hasta los amarillos verdosos. En ocasiones, se mezclan diferentes tipos de aceite virgen extra a fin de estabilizar sus virtudes. A este proceso se lo denomina *coupage*.

En los últimos años, cada vez se está extendiendo y consolidando más la llamada agricultura ecológica, entre los productores y elaboradores. El aceite es un claro exponente de ello, ya que el olivo permite ser trabajado como un cultivo ecológico. El olivo, con 2 300 000 hectáreas, es el cultivo ecológico con mayor superficie inscrita en el registro del Consejo Catalán de la Producción Agraria Ecológica (CCPAE), que es el organismo que controla estos cultivos en Catalunya. Las normas técnicas de este organismo estipulan que los agricultores que deseen desarrollar esta actividad deberán estar inscritos en él. Es necesario tener unas instalaciones adecuadas y se prohíbe el uso de herbicidas, se controlan los fitosanitarios y solo se permite algunos productos básicos.

Por otro lado, en este apartado debemos hacer también una breve referencia a la llamada cata del aceite. La cata del aceite de oliva virgen extra consiste en identificar un aceite al degustarlo, aunque, en realidad, la cata equivale a un análisis sensorial del aceite, por lo que el aceite es sometido a la percepción de los sentidos. Para la cata hay que emplear, según una normativa del 18 de julio de 1987, una copa de vidrio oscuro, de forma acampanada, que garantice la máxima estabilidad del contenido, y con una boca estrecha, que favorezca la concentración de los olores a percibir. Suele decirse que los alimentos entran por los ojos; por ello el sentido de la vista nos servirá para ver la consistencia, la transparencia o la intensidad del color. El olfato posee una sensibilidad superior a la del gusto y nos permitirá oler el aceite, el cual posee sustancias aromáticas. El gusto será fundamental en la valoración y clasificación de los aceites. Finalmente, el tacto nos permitirá percibir las sensaciones táctiles y térmicas detectadas por la lengua, los labios, la parte interna de la mejilla y el paladar. Para que una cata sea fiable se deberá cumplir una serie de requisitos, como, por ejemplo, que el lugar donde se realice tenga paredes de color suave, con una temperatura ambiente de entre 20 °C y 22 °C y una humedad de entre el 60 y el 70%. Normalmente se realiza en las llamadas cabinas de degustación, libres de olores y de perfumes. Las muestras de aceite se servirán a 28 °C y el catador no debe haber fumado ni ingerido alimentos una hora antes de la prueba. En una cata profesional, nunca debe faltar la manzana, el agua y pan tostado sin sal, que se usan para lavar la boca entre muestras.

Aquella parte del aceite de oliva que no reúne las condiciones necesarias para su consumo es sometida a un proceso de refino, que se realiza por medio de tratamientos químicos. El orujo es el residuo obtenido de la prensa, el cual contiene todavía cierta cantidad de aceite que se puede obtener mediante procesos de triturado y que no debería ser destinado al consumo humano, sino a combustible.

Debemos citar aquí también los llamados aceites de semillas. Estos aceites solo serán comestibles después de ser sometidos a un proceso completo de refinación. Los aceites de semillas más corrientes son el aceite de girasol, el aceite de soja, el aceite de colza, el aceite de cártamo, el aceite de maíz y el aceite de algodón.

Por último, el almacenamiento y envasado del aceite deben ser los adecuados y, además, es preferible que, para su consumo, no transcurran más de dos años. Tanto los recipientes en los que se almacena el aceite como las botellas de cristal en las que se envasa no deben estar expuestos a la luz ni sufrir cambios bruscos de temperatura, ya que todo ello puede influir en la calidad del producto. Los aceites, sobre todo el de oliva virgen, son muy sensibles a los agentes exteriores y en particular a las radiaciones ultravioleta, por lo que debemos protegerlos de estos efectos. La cantidad absoluta de oxígeno en el envase es un factor decisivo para la conservación de este producto.

Desde hace poco, existe toda una industria auxiliar dedicada al envasado del aceite de oliva. Se fabrican diferentes tipos de envases, principalmente de cristal, con diferentes formatos y volúmenes, los cuales se presentan al consumidor más como un tipo de regalo que como un artículo de primera necesidad como es el aceite de oliva virgen extra, por los efectos saludables que tiene para el cuerpo humano.

CUALIDADES DEL ACEITE DE OLIVA

El aceite de oliva antiguamente era apreciado por sus cualidades naturales. Ahora sigue siendo la base de la alimentación de muchas personas, ya que se ha demostrado que es un producto muy saludable. Es un componente energético importante en la dieta. Su valor calorífico, de un gramo de grasa, es de 9 kcal, más del doble del que poseen los hidratos de carbono y las proteínas, con 4 kcal por gramo. En este producto predominan los ácidos grasos monoinsaturados y, más concretamente, el ácido oleico.

El aceite de oliva virgen es el zumo natural de la oliva, y destaca, en relación con los demás, porque es un alimento totalmente natural, que no contiene conservantes ni aditivos. Un buen aceite de oliva virgen se obtiene a partir de aceitunas sanas y enteras, que no han sufrido al caer del árbol durante la recolección, lo cual implica que la recogida se tiene que realizar al vuelo, y no recogiéndolas del suelo, después de su caída natural. Hay que rechazar las caídas en días anteriores y las que se hayan guardado más de un día, ya que han entrado en una fase de fermentación y pueden perjudicar la calidad del aceite.

Antiguamente se habían utilizado prensas de distintos tipos para conseguir separar la parte sólida de la parte líquida de la aceituna. Debido al avance tecnológico experimentado con la llegada del vapor y la electricidad, la tecnología moderna ha permitido llevar a cabo esa fase a través de la llamada centrifugación. Actualmente el método más ecológico es el que tiene dos fases, capaces de reducir el caudal de producción y la contaminación de residuos finales. El aceite se obtiene, pues, solamente mediante procesos mecánicos y no químicos, y es la única grasa vegetal que se puede consumir sin refinar. Los aceites obtenidos de semillas necesitan de un tratamiento para poder ser comestibles. Sin embargo, el aceite de oliva virgen extra es natural, no ha sufrido relaciones con productos químicos y, además, conserva el

Almuerzo tradicional de un agricultor, degustando el aceite de oliva virgen extra.

sabor, los aromas y las vitaminas del fruto. Tiene una serie de atributos que hacen pensar en otros elementos naturales: es almendrado, amargo, dulce, afrutado, con sabor a alcachofa, a manzana y a hojas verdes y, aparte, su color amarillo presenta tonos más o menos verdosos, de aroma agradable. Es idóneo para aliñar en crudo, pero a la vez muy adecuado para cocinar y freír alimentos. Desde un punto de vista químico, los aceites son mezclas de compuestos orgánicos que forman parte, todos ellos, de un conjunto llamado lípidos.

El análisis de la calidad de un aceite puede abordarse desde varios puntos de vista. Un primer aspecto a tener en cuenta es la adecuación del producto a los parámetros establecidos en la reglamentación correspondiente que existe para los diferentes tipos de aceite. La acidez es uno de los parámetros de calidad más importantes de los aceites, porque mide la intensidad de los fenómenos de hidrólisis que se han producido en los glicéridos. La oxidación explica una de las principales alteraciones que sufren los aceites: modifica las características organolépticas y hace que los aceites que superen un determinado grado de oxidación no puedan ser comercializados. Otros parámetros referentes a la calidad del aceite pueden ser el nutricional, el comercial y el sensorial. Los ácidos grasos, en los aceites de oliva vírgenes, aportan grandes ventajas desde el punto de vista nutricional, ya que protegen frente a enfermedades de tipo coronario, y son responsables, junto con los polifenoles, de la estabilidad oxidativa de los aceites.

Su consumo se puede realizar en crudo, que es como mantiene mejor sus cualidades, o bien cocinado. Para ello puede alcanzar los 180 °C sin que pierda totalmente sus propiedades, e incluso una vez filtrado se puede volver a utilizar.

En la cocina, este tipo de aceite cunde más, ya que aumenta su volumen y mejora el gusto y la condimentación de los alimentos cocinados con él, en relación con el comportamiento que tienen otros tipos de aceites. También mantiene más el sabor de los alimentos cocinados.

Hay muchas variedades de olivos y tipos de aceituna; lo explicamos a partir de la página 23 y en el capítulo dedicado a las aceitunas de mesa, a partir de la 57. En cuanto al aceite obtenido de las aceitunas, la normativa actual al respecto, establecida en el Reglamento CE núm. 1989/03, del 6 de noviembre de 2003, determina diferentes tipos de aceites derivados de la aceituna, aunque, en la práctica, el consumidor solo puede adquirir en el mercado tres tipos. Citaremos a continuación los cinco tipos más conocidos y más utilizados por el consumidor:

- Aceite virgen extra: Es el de categoría superior. Puede alcanzar hasta los 0,8° de acidez –hay que tener en cuenta que dicho concepto, la acidez del aceite, sirve para medir también su calidad–. El grado de acidez del aceite de oliva arbequina virgen extra alcanza, con exclusividad, los 0,2°. Se trata de la menor acidez en aceites, lo cual lo convierte, según esta y otras características, en el mejor aceite, denominado *aceite de oliva arbequina virgen extra*. Hay otros aceites de otro tipo de aceitunas que no superan los 0,8°.

Aceite de oliva virgen extra envasado y etiquetado para su comercialización.

- Aceite virgen fino: Normalmente, tiene mayor acidez que el anterior, que oscila entre los 0,8° y los 2°. Por ello, su calidad es inferior al anterior. Ello normalmente es debido a que las aceitunas han sufrido una mala manipulación. Tiene también una mayor oxidación, aunque no presenta defectos químicos ni sensoriales.
- Aceite corriente: Su grado de acidez llega a los 3,3°. Su calidad es inferior a los dos aceites citados anteriormente. Este tipo de aceite ya presenta algunos defectos químicos y sensoriales. Por todo ello, su precio también es ya inferior.
- Aceite refinado o lampante: Tiene una acidez superior a 3,3°. Presenta algunos defectos importantes a nivel químico y sensorial. No es apto para consumir si no se refina. Sus propiedades y características disminuyen su gusto y las virtudes que pueda tener en la aplicación gastronómica y para la salud del cuerpo humano.
- Aceite de orujo: Es el resultado de la mezcla de aceite refinado con algo de aceite virgen. El orujo es un subproducto obtenido en la almazara, en el proceso de producción del aceite virgen. Contiene restos sólidos derivados de la aceituna. Después de un proceso de extracción del aceite, de dichos restos de la aceituna, con la ayuda de productos químicos, obtenemos este tipo de aceite, llamado de orujo. No es apto para el consumo humano. En ocasiones, después de mezclarlo con aceite virgen, se destina al consumo, lo cual no debería suceder.

Los índices máximos autorizados para el aceite de oliva virgen extra deben cumplir los siguientes parámetros:

Acidez	inferior a 0,8º
Peróxidos	máximo 15º
K270	máximo 0,15º
Impurezas	inferior a 0,1º
Humedad	inferior a 0,1º

Un concepto de calidad alimentaria aceptado internacionalmente son las normas UNI–ISO 8402, de 1991, relacionadas con el cumplimiento de seguridad e higiene alimentaria, y ciertos requisitos a tener en cuenta. En el caso del aceite de oliva, la calidad podría estar representada por la combinación de cinco grupos de factores: ausencia de defectos, ausencia de residuos, genuidad, equilibrio químico y tipicidad. La acidez es un parámetro importante como índice de buena producción y tecnología de extracción. Dicha acidez base del aceite oscila en torno al 0,8%, y cualquier aumento sobre este valor indica que ha ocurrido algún incidente. Otro parámetro interesante es el que se refiere al contenido en ácido oleico. Este producto adquiere también importancia como antioxidante. La fracción fenólica de los aceites presenta una acción protectora frente a las enfermedades cardiovasculares, ya que protege las LDL de los procesos oxidativos. La calidad culinaria es otro factor a tener en cuenta. Por último, en cuanto a la calidad comercial, hay que tener presente la estabilidad, que permite predecir el enraizamiento, y, por ende, la caducidad de un aceite, ya que normalmente se aconseja su consumo antes de un año.

El color del aceite de oliva virgen es otro factor importante a tener en cuenta. Puede ir desde el verde hasta el amarillo; dependerá de varios factores, pero uno de los más importantes es el referente a la variedad de la aceituna. Los aceites verdes son los más ricos en clorofila, y tienden hacia el amarillo cuando decrece la cantidad de este pigmento y aumentan los carotinoides y feofitinas.

Ni la poda ni la fertilización inciden sobre la calidad. El riego incide solo sobre el contenido en polifenoles, lo que origina un sabor más amargo de los aceites procedentes del secano. En cambio, los tratamientos fitosanitarios sí inciden en la calidad del aceite.

La recolección de la aceituna, su entrada en la almazara y el proceso utilizado en la obtención del aceite inciden notablemente en su calidad final. En dicha tarea hay que tener en cuenta la época, la procedencia del fruto y la manera de realizarla. Este proceso también puede incidir, incluso, en el color del aceite, ya que, al principio de la recolección, los aceites presentan unos colores más verdes, que van virando hacia el amarillo al avanzar la recolección. El fruto recogido del suelo deteriora la calidad del aceite obtenido, ya que aumenta su acidez y otros índices analíticos. El mejor método para realizar la recolección es el llamado ordeño, ya que no causa ningún daño al fruto, aunque aumenta los costes de dicha tarea. Últimamente, se utilizan más los llamados vibradores, que tampoco dañan el fruto y disminuyen mucho los costes de recolección. La recepción, limpieza, tratado y gestión de las aceitunas en la almazara influirá también en la calidad del aceite. Su molturación deberá realizarse dentro de las veinticuatro horas siguientes a la recolección, a fin de evitar alteraciones en su calidad. A lo largo del proceso de extracción hay que mantener muy limpias las instalaciones y máquinas que estén en contacto con el aceite, a fin de evitar fermentaciones y alterar su calidad. Finalmente, también hay que tener cuidado en el proceso de envasado y almacenaje, durante el cual se deben utilizar materiales como el acero inoxidable y el cristal, y hay que procurar que las existencias se consuman antes de un año.

A fin de considerar la calidad de los aceites, además de los parámetros indicados anteriormente, existen los llamados paneles de cata, implantados de manera oficial por el Consejo Oleícola Internacional en 1987. Consisten en una evaluación realizada por un grupo de catadores expertos que deben emitir un juicio sobre la presencia e intensidad de caracteres gustativos.

La *pureza* del aceite de oliva hace referencia a la ausencia de algunos residuos, lo cual es un requisito previo, controlado por normas legales, que se sirve de métodos exactos. Esto se extiende a todos los contaminantes que puedan ser determinados en el campo, después de la recolección, y durante el transporte de las aceitunas. A favor del aceite debemos decir que es un alimento bastante seguro ya que no necesita tratamientos higiénico-sanitarios especiales para su conservación.

La *genuidad* del aceite es un requisito legal previo que garantiza que se ha obtenido únicamente a partir de la aceituna, solamente por medios mecánicos, con exclusión de otros medios que alteren las características del producto.

En cuanto al *equilibrio químico*, se entiende como tal la presencia, los niveles y las relaciones de sustancias que dan consistencia, sabor, salubridad y conservación al aceite. Además, en el aceite de oliva están presentes grupos de sustancias que tienen una acción reguladora y protectora del metabolismo de la persona.

La *tipicidad* de un producto deriva de la interacción entre matriz genética, técnica y ambiente, y puede definirse y controlarse a través de la combinación de instrumentos de laboratorio. Para obtener un producto de características típicas se ha establecido para el aceite de oliva las llamadas denominaciones de origen protegidas (D. O. P.). Dedicamos todo un capítulo a definirlas y citar las principales del territorio español (a partir de la página 85).

El aceite de oliva virgen, además de ser un excelente ingrediente gastronómico, es también un producto que beneficia la salud del cuerpo humano. Su consumo en crudo es la forma natural más aconsejada, ya que podemos disfrutar de sus sabores y aprovechar más sus ventajas para nuestra salud. Contiene, además, vitaminas A, D, E y K, por lo que tiene efectos antioxidantes y alarga el ciclo de vida de la persona. Fue en el III Congreso Internacional sobre el Valor Biológico del Aceite de Oliva, celebrado en Creta en 1980, cuando se comienzan a aportar pruebas científicas del posible papel del aceite de oliva en la salud. Posteriormente, se publicaron diversos trabajos de investigación sobre la incidencia del aceite de oliva en la dieta de prevención y en el tratamiento de distintas alteraciones patológicas, todo ello debido al alto porcentaje de ácido oleico que contiene. Es en el campo de las enfermedades cardiovasculares donde se han desarrollado más los trabajos e investigaciones con relación a todo ello. Otro aspecto positivo del aceite de oliva es el que se relaciona con otro factor de riesgo en la enfermedad coronaria isquémica, la hipertensión. Los últimos estudios realizados demuestran que, con una mayor presencia de aceite de oliva en la dieta, se observa un descenso en la presión arterial. Se ha llegado a afirmar que también influye positivamente sobre el cáncer (el de colon, el de mama, el de estómago, el de páncreas y el de próstata).

Uno de los componentes básicos de la dieta mediterránea es el aceite de oliva virgen extra. Dicha dieta hoy en día está muy de moda y es aconsejada por todos

Jabones naturales elaborados con aceite de oliva. Detalle decorativo con ramas de olivo.

los estudiosos del tema. El término *dieta* implica un control alimenticio. Los medios de comunicación han influido en la difusión de este concepto, debido a que los científicos y expertos en nutrición han avalado los buenos resultados que tiene para el cuerpo humano el seguimiento de esta dieta. De los estudios realizados se concluyó que en las poblaciones de regiones mediterráneas tales como Grecia, Italia y España, la esperanza de vida superaba la del resto del mundo; y las tasas de enfermedad coronaria, cáncer y otras enfermedades crónicas eran comparativamente más bajas. El aceite de oliva aporta a nuestro organismo unas nueve calorías por cada gramo, por lo que es una importante fuente de energía. Cierto es que debe combinarse con el ejercicio físico. Otros elementos que componen la dieta mediterránea son las nueces, el vino tinto, el pescado azul, frutas, hortalizas, cereales y legumbres.

Actualmente, el uso del aceite de oliva virgen extra también es importante es en cosmética, como, por ejemplo, en cremas exfoliantes, champús, jabones y similares; productos, todos ellos, utilizados también en los balnearios. El aceite de oliva virgen, debido a sus muchos efectos beneficiosos, ha sido utilizado como remedio popular: tiene efectos cicatrizantes, al aplicarlo sobre una herida; es utilizado como antiacné; se utiliza en masajes, para disminuir la tendinitis; se aconseja a quienes desean dejar de fumar (deben tomar cinco cucharadas diarias en ayunas); ayuda

Uso culinario del aceite de oliva virgen extra, ideal para aliñar.

a eliminar los tapones en el oído, si se depositan unas gotas antes de ir a dormir; y ayuda a rebajar la tensión sanguínea (para ello hay que hervir una treintena de hojas en un cuarto de litro de agua; esta infusión se debe tomar en ayunas y al ir a dormir; las tomas se prolongarán el tiempo que sea necesario, con descansos alternados de una semana por cada dos). El consumo de aceitunas fortalece el aparato digestivo, aunque no se debe abusar de ellas, ya que pueden producir estreñimiento. Como antídoto del veneno se prescribe un vaso de aceite de oliva y agua tibia bien batido, puesto que provoca el vómito. Se utiliza también para combatir dolores reumáticos e inflamaciones en la piel. Después de lo expuesto, quizá sea cierto lo que dice el refrán popular: «El aceite de oliva todo mal quita».

Según el sabor, los aceites vírgenes de oliva puede diferenciarse en aceites verdes, aceites amargos, aceites afrutados, aceites dulces, aceites amarillos pajizos, aceites blancos, aceites claros, aceites opacos y aceites turbios. Deberemos tener en cuenta la caducidad del aceite, que normalmente, en los aceites de oliva virgen extra, es de un año, periodo en el que mantienen y conservan todas sus características. Sin embargo, trascurrido este periodo, todavía resultan aptos para el consumo, aunque habrán perdido algo de aroma y de sabor. Por ello no debemos adquirir grandes cantidades de aceite, solamente las necesarias. Para una correcta conservación del aceite de oliva hay que tener en cuenta que el aire y la humedad le son enemigos, así como también la luz, el calor y el frío. Para protegerlo de estos factores, lo aconsejable es conservarlo en un lugar seco, fresco y poco expuesto a la luz. También debemos evitar guardarlo junto a productos que desprendan olores intensos, debido al poder de absorción que tiene el aceite. Deberá conservarse en un recipiente bien tapado, que no sea de hierro o de cobre; los mejores recipientes son los de lata, plástico, cerámica y vidrio.

Actualmente, está adquiriendo importancia la utilización de los llamados aceites aromatizados, cuyo producto base y principal es el aceite de oliva virgen extra. Este se mezcla con diferentes productos para obtener una combinación de sabores y aromas, principalmente con objetivos gastronómicos. Para ello se suelen utilizar hierbas aromáticas, como el romero o la albahaca, y otros elementos, como el ajo, las guindillas, las trufas y las setas. Incluso, para postres, se mezcla con chocolate, naranja o mandarina. Todos estos aceites aromatizados se comercializan en envases de diseño y de poco volumen, con fines gastronómicos. Como este es un producto innovador en el mercado, aún no se encuentran productores a nivel industrial, por lo que sus producciones son limitadas y variadas, según la zona.

Las aceitunas de mesa

La aceituna es el fruto natural del olivo. De ella, mediante la aplicación de procesos mecánicos, obtenemos el aceite de oliva virgen extra, aunque también se utiliza el consumo humano, comiéndola como un fruto. La aceituna se ha ganado un lugar en la gastronomía de algunos países, como España, por méritos propios. Además de que cada variedad posee un sabor característico, las fórmulas que se han utilizado para sazonarlas, la mayoría conocidas de hace muchos años, han contribuido a enriquecer su sabor con numerosos matices. El marinado de la aceituna en salmuera es un procedimiento que viene de antiguo y es bastante popular. Las hierbas aromáticas que se utilizan para el aliño dependen de las zonas. Las más habituales son el ajo, el tomillo, la naranja amarga, el pimiento verde, el pimentón, el orégano, el laurel, la guindilla y el comino, entre otras. Las aceitunas más utilizadas en el consumo de mesa suelen ser la manzanilla, la gordal, la picuda, la hojiblanca y la arbequina en Catalunya.

Dicho consumo se realiza en su mayor parte en crudo, después de que se haya sometido la aceituna a diferentes tipos de sazón y preparación, ya que cogida directamente del árbol no se suele comer. Primero, se sazona, y luego, se come. Podríamos clasificar las aceitunas en tres grandes grupos, ordenadas en función de su importancia en la producción y en la comercialización: las aceitunas verdes, las aceitunas negras y las de color cambiante.

En todo el mundo se tienen contabilizadas unas mil quinientas variedades, la mayoría de las cuales se encuentran en la cuenca mediterránea. En el territorio español, por ejemplo, hay unas doscientas variedades, de las que destacan las que a continuación mencionaremos más detalladamente. A nivel mundial, se destinan al consumo directo 1 700 000 toneladas. Europa cuenta con el 42% de esta producción de aceituna de mesa.

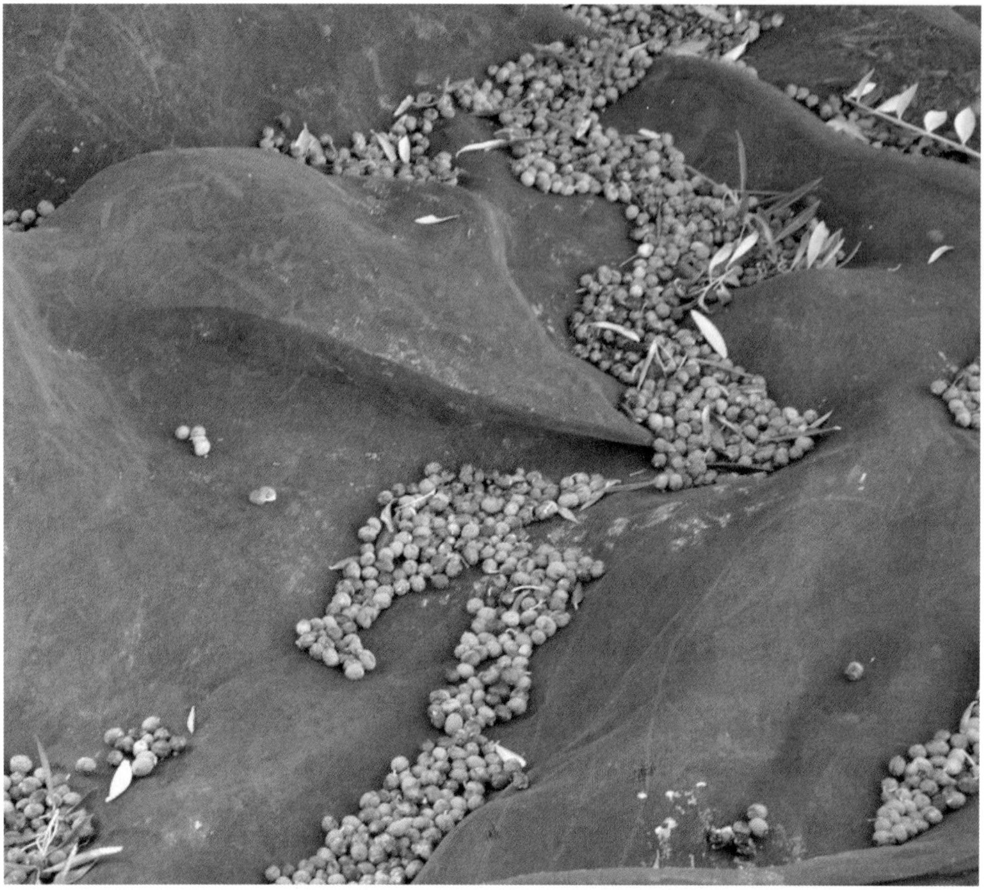

Aceitunas arbequinas después de ser recolectadas con métodos tradicionales.

España es el principal país productor de la UE e Italia ocupa el segundo lugar, a bastante distancia. Estos dos países exportan, junto con otros como Grecia, Portugal y Marruecos, parte de su producción de aceitunas. Detrás, en importancia, por sus exportaciones, debemos citar Grecia, Portugal, Turquía y Marruecos. Actualmente, en Estados Unidos, concretamente en el estado de California, se están obteniendo importantes producciones de aceitunas de mesa. La mayoría de la producción se consume en el mercado interior de los propios países productores. En cuanto a los países exportadores, España es la primera, seguida a bastante distancia del resto de países citados anteriormente. Los países de Oriente Próximo son los mayores consumidores, per cápita, de este producto. De entre los países no productores destaca el consumo de este producto en Bulgaria. También debemos citar Portugal como un importante país productor y consumidor de la llamada aceituna de mesa.

La actual utilización de material vegetal seleccionado y el empleo de maquinaria en este sector favorecen la expansión del cultivo del olivo. Además, la falta de cultivos alternativos en determinadas zonas puede acelerar aún más el incremento de producción del olivar. Debido a que el consumo del aceite de oliva extra virgen, en el mundo, es muy bajo comparado con el de otros aceites y, a la vez, es más saludable y cunde más, se aprecian importantes aumentos de dicho consumo en los países no productores y en los poco productores. Por lo tanto, este factor puede repercutir de forma significativa en los mercados del aceite de oliva virgen y de la aceituna de mesa; si bien los precios, tanto del aceite de oliva como de las aceitunas, han aumentado, a veces ello ha sido compensado por el aumento, también, del poder adquisitivo de la población en ciertos países y regiones. Una labor constante de información, de promoción y de control de calidad no puede faltar como apoyos directos a la producción de estos dos productos (el aceite de oliva virgen y las aceitunas de mesa).

El Consejo Oleícola Internacional, en su norma de calidad, publicada en 1980, establece una clasificación de las aceitunas de mesa en cuatro tipos:

- Aceitunas verdes: Recolectadas en periodo de maduración, suelen ser resistentes y sanas, y no presentan manchas.
- Aceitunas de color rosa o amarronado: Las recogidas justo antes de la maduración total.
- Aceitunas negras: Las recogidas en plena madurez.
- Aceitunas que ennegrecen: Es debido a la oxidación, y se recogen siendo totalmente maduras. Las destinadas al consumo de mesa tienen que ser enlatadas en salmuera; por ende, pierden el amargor propio de las aceitunas. El resto se destina a la obtención de aceite.

Entre las diferentes clases de aceitunas de mesa destacan, por su importancia, las siguientes:

- Arbequina: Es la más emblemática de Catalunya. Se cultiva mayoritariamente en la comarca de les Garrigues y en el Segrià (ambas en la provincia de Lleida, y también en el Camp de Tarragona, en el Priorat y en el Baix Penedès. Además, puede encontrarse en Andalucía, con treinta mil hectáreas, y en Aragón, con quince mil hectáreas. Fuera de España también se produce en Argentina, Chile, Estados Unidos, Francia, Portugal y Marruecos. Es una variedad muy productiva, regular y de rápida entrada en producción. Es resistente a heladas y adaptable a diferentes condiciones de clima y suelo. De ella se obtiene un aceite de excelente calidad, suave y con una acidez inferior a 0,2°. Su dimensión es pequeña. Se sazona para consumir en la mesa. Tiene un rendimiento de entre el 20% y el 22%. Los certificados técnicos que describen las características de su aceite lo

Diferentes clases de aceitunas, ya aliñadas.

convierten en el mejor aceite del mundo. Su producción anual suele ser de unos seis millones de kilos de aceite solo en Catalunya, aunque depende de la climatología. La superficie utilizada alcanza las 65 000 hectáreas. Últimamente la utilización del riego por goteo ha motivado el aumento de su producción. El nombre de *arbequina* lo debe a la ciudad de Arbeca (Lleida). Fue introducida en el siglo XVI, a través de dicha ciudad. Las propiedades de este aceite, medicinales y gastronómicas, y su limitada producción a nivel mundial hacen que sea un producto muy apreciado, con escasa oferta, la cual, además, se ve disminuida por el autoconsumo que realizan sus propios productores. Su sabor es afrutado, ligeramente amargo y picante; es muy suave y de color amarillo. Sus impurezas y su humedad son inferiores al 0,10%. Es un aceite rico en antioxidantes y en polifenoles.

- Argudell: Es la variedad más importante de la provincia de Girona, y se cultiva en unas tres mil hectáreas en el Alt Empordà. Es una variedad vigorosa, productiva, que se adapta a diferentes condiciones del suelo. Tiene una maduración primeriza y acepta bien la recolección con medios mecánicos. Es apreciada por su buen rendimiento y por la calidad sensorial del aceite. Es la base de la producción de la D. O. P. Aceite del Empordà.

- Blanqueta: Es muy común en el Levante español, aunque también se cultiva en pequeñas cantidades en Catalunya. Su nombre expresa el color que adquiere en su maduración. Esta variedad fue introducida en Catalunya en los años cincuenta, y se cultiva en unas diecisiete mil hectáreas. Es productiva, regular y de rápida entrada en producción; sensible a la sequía y al frío invernal. Es de difícil recolección mecánica. Tiene un color rojizo y es de pequeño tamaño, similar a la arbequina. Su aceite es de buena calidad, y sus rendimientos están entre el 20% y el 22%.
- Cornicabra: Se produce en las provincias de Toledo y Ciudad Real. Cuando madura es de color negro. Se la conoce también como corniche. Su aceite es también de buena calidad. Su rendimiento suele ser del 22%. Se adapta bien a los suelos pobres, secos y fríos. Su recolección se realiza normalmente mediante el método de vareo, ya que presenta resistencia en su desprendimiento, lo que dificulta la mecanización de su recolección.
- Empeltre: Se cultiva en Aragón, Tarragona y las Islas Baleares, y, fuera de España, en Argentina, Chile y Perú. Se la conoce también con el nombre de *aragonesa*. Tiene una lenta entrada en producción. Es de color negro. Es sensible a las heladas y a la sequía. Su nombre deriva de la palabra catalana *empelt*, que significa «injerto», debido a que esta variedad se injertó sobre otras más antiguas. Su aceite tiene buena productividad y calidad. Es una de las variedades más antiguas de España. Su maduración es primeriza y uniforme. Habitualmente se propaga por injerto. Tiene buenas perspectivas comerciales y se utiliza mucho como aceituna de mesa. Su aceite tiene un sabor dulce y almendrado, con toques amargos y picantes. Es la base de la producción de la D. O. P. Terra Alta. Es ideal para la recolección mecanizada. Su aceite es muy afrutado y de buena calidad. Su rendimiento alcanza hasta el 24%. La superficie cultivada de este tipo de aceitunas alcanza un total aproximado de 75 000 hectáreas.
- Farga: Se produce en el norte de España, en las provincias de Tarragona, Lleida y Castellón. Al madurar, es negra y de tamaño pequeño. Es una de las variedades más antiguas de España. Su aceite es de buena calidad y su periodo de maduración alcanza los cincuenta y cuatro días. Su rendimiento llega al 24%. En su producción se utilizan unas treinta mil hectáreas. Su producción es irregular, y últimamente se halla en regresión. Su maduración es primeriza y presenta una resistencia al desprendimiento, lo que

dificulta su recolección con medios mecánicos. Su aceite es apreciado por su calidad sensorial. Es muy rigurosa y resistente al frío invernal.

- Gordal sevillana: Se produce básicamente en la provincia de Sevilla, aunque también se cultiva en Huelva y en otros países, como Israel, Argentina y Estados Unidos. Al madurar, su color es negro; su periodo de maduración alcanza los cincuenta días. Su tamaño es mayor que las citadas anteriormente, aunque no tiene tan alto rendimiento. Es muy consumida como aceituna de mesa. Es la variedad española más importante, junto con la llamada manzanilla.
- Hojiblanca: Se produce en las provincias de Córdoba, Málaga, Sevilla y Granada. Se la conoce también con el nombre de *lucentino*. Al madurar tiene un color violeta, aunque su color es negro. Su periodo de maduración es corto y solo alcanza los veintiocho días. Su rendimiento es bajo. Se utiliza para el consumo como aceituna de mesa. Manifiesta resistencia al desprendimiento, lo que dificulta su mecanización. Se planta mucho en los suelos calizos.
- Lechín de Sevilla: Se produce en las provincias de Sevilla y Cádiz. Es la cuarta en volumen de producción en España. Su color, cuando madura, es negro, y su tamaño, medio. Tiene un periodo de maduración de unos cuarenta y cuatro días. Su aceite es de buena calidad. Su recolección, mecanizada, es fácil de realizar. Es tolerante al frío y a los suelos de mala calidad.
- Lechín de Granada: Se produce en las provincias de Granada, Almería y Murcia. Su aceite es de buena calidad y tiene un tamaño medio. Su maduración es tardía.
- Manzanilla: Se produce en la provincia de Sevilla y en alguna otra provincia andaluza, aunque también en Extremadura, en Salamanca, Portugal y en otros países. Tiene dos variedades, la sevillana y la cacereña. En España, junto con la sevillana, es la más importante. Es la reina de todos los tipos de aceituna de mesa. Su color es negro. Su rendimiento es bajo, pero su aceite es de calidad. Es susceptible al frío. Es ideal para realizar plantaciones intensivas.
- Morrut: Es originaria de la localidad de Reguers (Tortosa). También es conocida con el nombre de *morruda*. Se cultiva en las provincias de Tarragona y Castellón. Alcanza una superficie de cultivo de unas treinta mil hectáreas. Es una variedad vigorosa, poco productiva, de lenta entrada en producción y sensible a la sequía y al frío. Arraiga fácilmente, tiene una floración primeriza y una baja productividad. Su maduración es tardía. Es fácil de recolectar con medios mecánicos. Es la base de la producción de la D. O. P. Baix Ebre - Montsià.

Aceite de oliva virgen extra y aceitunas de mesa, dos elementos básicos de una alimentación sana.

- Picual: Se produce en Jaén, Granada, Córdoba, Badajoz y Ciudad Real. Se la conoce también con el nombre de *monteño*. Es la que ocupa mayor superficie cultivada, cerca de unas noventa mil hectáreas. Tiene un buen rendimiento y productividad y es de fácil cultivo. Su color es negro y su aceite contiene un alto grado de ácido oleico. La calidad de su aceite es mediana. Entra pronto en producción y es ideal para la recolección mecánica.
- Rojal: Su nombre hace referencia al color rojo que tiene en su maduración. Se cultiva en la provincia de Tarragona, en unas mil hectáreas, en las comarcas de la Ribera d'Ebre y del Priorat. Su cultivo se encuentra en regresión. Es una variedad vigorosa, tolerante al frío y sensible a la sequía. Es de difícil recolección mediante mecanización. Tiene un buen rendimiento y el aceite es de buena calidad. Dicho aceite, normalmente, se mezcla con el de la arbequina, ya que su zona de cultivo se encuentra dentro de la D. O. Siurana.
- Sevillenca: Es autóctona del sur de Tarragona, en las comarcas del Baix Ebre y del Montsià, y de Castellón. Es una variedad vigorosa y de rápida entrada en producción, sensible a la sequía y con una resistencia media a las heladas. La maduración es primeriza. Favorece la recolección por medios mecánicos. La calidad de su aceite es de tipo medio, ya que tiene un bajo contenido en ácido oleico. Sensorialmente es muy apreciado. Su tamaño es mediano. Tiene un rendimiento del 24%. Se cultiva en una superficie de unas 25 000 hectáreas.

- Verdiell: Su denominación hace referencia al intenso color verde de los brotes. Su cultivo está en regresión desde hace algunas décadas y se va sustituyendo por la variedad arbequina. Se cultiva en la provincia de Lleida, y utiliza unas tres mil hectáreas. Es productiva y tiene resistencia al frío, pero es sensible a la sequía. Su maduración es más tardía que la de la arbequina. Su fruto se destina al aceite. Tiene un rendimiento graso medio y su aceite normalmente se mezcla con el de la arbequina, al que proporciona una mayor estabilidad.

Destacan también las variedades de aceitunas italianas, entre las que se debe citar la *nocellara di Belice*, muy utilizada como aceituna de mesa, cuyo fruto es de medianas dimensiones; o la *ascolana*, que es la variedad más difundida en Italia. Se cultiva también en Israel, México, Argentina y California. Su rendimiento alcanza el 18%. Asimismo, Italia produce otro tipo de aceitunas, como la *frantoio*, *leccino* y *moraiolo*, y otras de menor importancia en cuanto a su producción. Como variedad de aceituna griega debemos citar la llamada *conservolia*, muy consumida como aceituna de mesa. Su dimensión es mediana. Su maduración es tardía, y va desde noviembre hasta febrero. Su productividad es satisfactoria. Otras variedades griegas son la *nychati kalamata*, la *chalkidiki*, la *megaritici* y la *koroneiki*. En Grecia existen otras variedades, pero de menor importancia en su producción. Hay también variedades autóctonas en diferentes países, como en Siria, que produce la *serani*; en Turquía, que produce la *memecik*; en Marruecos, que produce la *pixoline marrocaine*; en Túnez, la *Chetoui*; y Portugal, con la denominada *galega*.

La aceituna está formada por tres partes principales: el epicarpio o piel, el mesocarpio o pulpa y el endocarpio o hueso. Su consumo nos aporta proteínas pectinas, ácidos orgánicos y polifenoles. Contiene también vitaminas y componentes como el potasio, el calcio y el magnesio. Aquí también debemos citar la sustancia llamada oleuropeína, que contiene fenoles y que se encuentra únicamente en la aceituna –no aparece en otros frutos vegetales–.

El aderezo de las aceitunas

Las aceitunas de mesa que se destinan al consumo pasan antes por un tratamiento, una solución diluida de hidróxido de sódico. A dicho proceso se le denomina *aderezo*, y consiste en colocar las aceitunas en salmuera, ya que esta se convierte en un adecuado medio de cultivo donde se desarrolla la típica fermentación láctica. El tiempo de permanencia en reposo para la culminación de dicho tratamiento, que generalmente es de muy pocos días, dependerá de cada variedad de aceituna. Para facilitar este proceso, las partidas de aceitunas que se tratan deben ser de la misma variedad, homogéneas en tamaño y madurez. Si el proceso no se ha culminado adecuadamente, las aceitunas resultarán amargas. Al final del proceso, las aceitunas se cubren con agua, en una operación denominada *lavado*, para eliminar la sosa que aún pueda quedar en ellas. Pero este lavado no debe ser excesivo: acostumbra a durar unas doce horas. Una vez terminado, las aceitunas se colocan en una salmuera, donde se mantienen durante las fases de fermentación y conservación. Terminada la fermentación, se inicia la conservación; para ello, las aceitunas deben reunir las condiciones adecuadas, para ser destinadas al envasado y consumo. En el envasado deberemos tener en cuenta los tamaños, que tendrán que ser homogéneos, y separar aquellas unidades que presenten defectos. Todo ello se realiza hoy en día con moderna maquinaria electrónica. Estos modernos procesos industriales han ido sustituyendo las labores de aderezo de las aceitunas que se realizaban de forma tradicional, en muchas ocasiones en los mismos hogares de los productores, por lo que existen muchas recetas caseras para la realización del proceso. Del mismo modo, las aceitunas enteras se pueden deshuesar, mediante máquinas adecuadas, y en su interior se pueden introducir otros productos, como trozos de anchoa, trozos de pimientos, trozos de pepinillo... En los últimos años se ha estudiado la aplicación de tratamientos térmicos para conseguir la estabilidad del producto final. La aplicación de la pasteurización, en el envasado de las aceitunas verdes de mesa, es actualmente una práctica común en todo el sector de la aceituna de mesa. Su comercialización no debe ser a largo plazo por la facilidad con la que se alteran. También se pueden aromatizar utilizando diferentes productos, como ajo, tomillo, naranja, pimentón, hinojo y orégano, entre otros.

Destacan las aceitunas verdes de «estilo español», que son un producto tradicional de España, del que existen referencias desde principios del siglo XX. Probablemente, en tiempos antiguos, las aceitunas verdes ya se partían para quitarles el amargor, y se sumergían en agua o ceniza. La elaboración de «aceitunas negras» no ha sido una práctica industrial en España hasta la década de los setenta. Los orígenes de estas preparaciones se sitúan en Grecia y Turquía, para las aceitunas negras naturales, y en California, para las negras por oxidación. Existen diferentes tipos de aderezo para las aceitunas negras. Su principal productor es Estados Unidos, seguido de España. Las aceitunas, como otros muchos frutos, pueden conservarse también mediante frío, en cámaras; de hecho, con el uso de la atmosfera controlada, se pueden conservar durante unas semanas. Con la utilización de técnicas modernas en su tratamiento, así como en su envasado y comercialización, ha incrementado la oferta, en los mercados, de las llamadas aceitunas de mesa, y su consumo va en aumento, tanto en los países productores como en los no productores, que las importan de los primeros.

Producción, comercialización y consumo

El cultivo del olivo se encuentra, como ya hemos dicho, principalmente en la cuenca mediterránea, debido a que las condiciones climáticas y del terreno lo favorecen. El área principalmente abarca desde Portugal hasta Turquía, aunque actualmente el cultivo del olivo se ha extendido por otras zonas del hemisferio norte y sur, con climas cálidos. El aceite de oliva es fundamental en la cocina de la mayoría de los pueblos mediterráneos y, por extensión, se ha convertido en un elemento esencial en la cultura de estos países. Últimamente se han descubierto aplicaciones y cualidades saludables para el cuerpo humano, pero, a pesar de todo ello, el cultivo del olivo ha sufrido cierta regresión en los territorios de los países productores cercanos al Mediterráneo.

La producción mundial se sitúa en una media anual de quince millones de toneladas de aceitunas, el 90% de las cuales se destina a la obtención de aceite, y con las restantes se elaboran las llamadas aceitunas de mesa. La distribución mundial de árboles y superficies puede establecerse como sigue: Europa mediterránea, el 71% de los árboles en el 65% de la superficie; Asia (Próximo Oriente), el 13% de los árboles en el 11% de la superficie; África (África del Norte), el 13% de los árboles en el 22% de la superficie; y América (Latina y Estados Unidos): el 3% de los árboles en el 2% de la superficie. La tendencia actual es la de aumentar, cada vez más, las densidades de plantación. De hecho, hay que resaltar la fuerte expansión que tiene lugar en los países de África del Norte. Por otro lado, la densidad de plantación de árboles por hectárea, de forma aproximada, es la siguiente: en Andalucía, de setenta a cien; en Extremadura de ciento cincuenta a trescientos; en Italia (la Toscana), cuatrocientos; y en Argelia, de cien a ciento veinte. Todo ello se refiere a plantaciones de copa. Las plantaciones que actualmente se realizan para la recogida mecánica suelen tener mayores densidades.

La producción mundial de aceite de oliva ha aumentado en los últimos cien años. La producción anual depende muy directamente de las condiciones meteorológicas de una determinada zona. Si se producen alteraciones en las que pueda sufrir la producción, ello tendrá consecuencias directas en los precios del aceite y en su comercialización, pues el aceite es un producto que no puede guardarse durante mucho tiempo, a diferencia del vino. Los avances técnicos y la mecanización en la producción del aceite de oliva han contribuido a mejorar su calidad y a aumentar su producción.

La mayor parte del aceite de oliva producido en el mundo se autoconsume en los propios países productores, que son cerca del 90%. Es, pues, en las regiones ribereñas del Mediterráneo donde se consumen las nueve décimas partes del aceite de oliva producido. Ello es lo resultante no solo de factores económicos, sino de factores históricos y sociológicos: la costumbre y la preferencia adquirida por la tradición. Otros factores importantes son también el precio y las posibilidades de abastecimiento. Es evidente que el mercado de este producto necesitará todavía de medidas que promuevan su consumo, tanto en el interior como en el exterior de su entorno de producción. Debemos tener en cuenta que el aceite de oliva virgen extra solo representa el 2% del comercio de los aceites vegetales comestibles. La inestabilidad del precio del aceite de oliva es el origen de las variaciones que se dan en el consumo de los otros aceites fluidos, y ello se acentúa por el hecho de que se puedan adquirir estos otros aceites a precios estables.

En el Estado español es en donde se encuentra una mayor cantidad de olivos. Cuenta con 316 millones de ejemplares, repartidos en una superficie de 2,3 millones de hectáreas; debido a ello, es el principal productor de oliva del mundo. Las cantidades de la cosecha pueden variar en función de las condiciones climáticas, aunque normalmente se supera el millón de toneladas. Ello supone la mitad del aceite de oliva que se produce en la Unión Europea. Es líder también en población activa destinada al trabajo en este sector: más de medio millón de agricultores trabajan en el cultivo del olivo. El aceite de oliva, en España, representa el 6% de la producción final agraria. Debemos citar la producción de los siguientes países en miles de toneladas: España, 1 347,4; Italia, 440; Grecia, 310; Túnez, 180; Marruecos, 120; Argelia, 54,4; Portugal, 71,8; Turquía, 180; y Siria, 200.

El 82% de la producción española se localiza en la región de Andalucía, con el 62% de la superficie total de España. Esta es, con diferencia, la principal región productora de España y del mundo, y de esta, la mitad se concentra solo en las provincias de Jaén y Córdoba. También son las provincias que más recursos destinan a ello, y donde mayor peso tiene este sector en la economía. La producción de aceite en Andalucía representa el 30% de la producción mundial, con 900 000 toneladas de aceite al año de media, obtenido del cultivo del olivo en 1,5 millones

Recolección de la aceituna con métodos mecánicos.

de hectáreas. Asimismo, produce el 20% de la aceituna de mesa del mundo, y para todo ello se utilizan más de ochocientas almazaras. El valor de la producción del aceite de oliva representa el 25% de la producción agraria andaluza, y el 40% del olivar andaluz está situado en zonas de montaña. Proporciona más de veintidós millones de jornales al año, el 32% del total del empleo agrario. De ello viven más de 250 000 familias en más de 300 pueblos andaluces. La provincia de Jaén es, por lo tanto, la más olivarera, no solo de España, sino del mundo. La variedad dominante en toda la provincia es la aceituna picual, la cual se encuentra especialmente en la D. O. Cazorla y en la D. O. Sierra del Segura, cuyo rendimiento alcanza el 25%. A la provincia de Jaén la sigue en importancia la provincia de Córdoba, de la que destaca la D. O. P. Baena y la D. O. P. Priego de Córdoba. En esta provincia la principal aceituna utilizada es la picuda, aunque también se usan la picual y la hojiblanca. La comunidad de Castilla-La Mancha ocupa el segundo lugar gracias a las producciones de Toledo y Ciudad Real, con unas medias de producción de cuarenta mil toneladas de aceite, es decir, el equivalente al 6% de la producción nacional. En esta región los olivos los podemos encontrar acompañados de viñedos. La variedad de aceituna más utilizada es la picual y la verdial. Extremadura ocupa el tercer lugar. En esta región la productividad es menor; se obtienen unas veintiuna mil toneladas de media, que representan el 3% de la producción nacional. La administración autonómica, en esta región, ha apoyado a los productores más de lo que lo han hecho otras regiones. Por ello, en los últimos años, Extremadura está aumentando la plantación de olivos. En esta región podemos encontrar la D. O. P. Gata-Hurdes y Monterrubio.

Catalunya ocupa el cuarto lugar, con una extensión de 118 500 hectáreas, y cuenta con unos quince millones de olivos que producen 125 000 toneladas de aceitunas de media, lo que supone 26 000 toneladas de aceite, de modo que no llega al 3% de la producción nacional. Sin embargo, la calidad obtenida es excelente y ha logrado consolidarse en el mercado internacional. La aceituna más producida es la arbequina, y la principal zona de producción se concentra en las comarcas de Tarragona y Lleida, que acaparan el 90% de la extensión cultivada. El valor de esta producción representa anualmente un promedio de ochenta millones de euros. La superficie del olivo en Catalunya representa un 5% de la superficie total de España y un 3% de la producción. La mayoría de las hectáreas dedicadas

Aliño de pan para la degustación del aceite de oliva virgen extra.

al cultivo del olivo son de secano y el resto, de regadío, es decir, regadas mediante la utilización del llamado goteo. La mayor producción de aceitunas se obtiene en la provincia de Tarragona. En Catalunya encontramos cinco denominaciones de origen. En la provincia de Lleida, en la campaña de 2013, se han obtenido 6 901 toneladas de aceite. Destaca la comarca de les Garrigues, que destina a ello una superficie de unas veinte mil hectáreas. En Catalunya hay unas doscientas cuarenta almazaras, ciento cuarenta en Tarragona y unas setenta en Lleida, pero la mayoría son cooperativas agrarias, en total noventa y siete. La producción media anual de un molino en Catalunya es de 140 000 kilos de aceite de oliva, cifra muy inferior a la de otras zonas productoras de España. Dicha región concentra el 13% de las almazaras existentes en todo el país. El número de envasadores en Catalunya alcanza los ciento ochenta, y la mayoría están asociados a los propios molinos, que además de elaborar el aceite, lo envasan y lo comercializan. Dichos envasadores suponen el 14% del total de España. Varias empresas catalanas se encuentran en el *ranking* español de las cien primeras industrias del sector del aceite de oliva, a pesar de que dicho sector no es tan importante como en Andalucía. También debemos tener presente que, a diferencia de otros sectores alimentarios, en el caso de los aceites de oliva la gran mayoría de empresas catalanas no están participadas por capital de fuera. Una característica habitual de estas empresas es que a menudo combinan la producción del aceite de oliva con la elaboración y comercialización de otros productos, como el vino y los frutos secos. Así pues, el aceite de oliva es un producto tradicional en la cultura y en las costumbres culinarias catalanas, y se apuesta de forma decidida por la calidad. La producción de aceite de oliva en Catalunya, a pesar de ser reducida, es por ello apreciada desde siempre en los mercados internacionales. En torno a este sector hay una gran masa social, ya que existen más de treinta mil explotaciones agrícolas con olivos en Catalunya, de modo que constituye uno de los colectivos más numerosos del sector agrario catalán. Sin embargo, a pesar de las cifras, en esta región está disminuyendo el número de hectáreas destinadas al olivo.

La sigue la Comunidad Valenciana, donde se producen unas trece mil toneladas de aceite, que representan el 2% de la producción nacional. Las explotaciones son familiares y pequeñas, como también sucede en Catalunya. La variedad más utilizada es la llamada empeltre, que también se consume como aceituna negra de mesa, aunque también hay que citar la blanqueta. Finalmente, debemos citar también la comunidad de Aragón, que produce 6 500 toneladas de media. Teruel es la provincia que más produce, y destaca la comarca del Bajo Aragón. En esta comunidad, la variedad más producida es la empeltre. También en los últimos años está descendiendo la superficie destinada al olivar, tanto en la Comunidad Valenciana como en la de Aragón. Otra región que también produce aceite, aunque en menor cantidad, se encuentra en las islas Baleares. Así pues, las únicas regiones en España donde no se produce aceitunas son Galicia, Asturias y Cantabria.

Cada vez adquiere mayor importancia el cultivo del olivo y la producción de aceite de oliva en zonas de regadío, debido a que las cosechas de aceitunas son más constantes y homogéneas y no dependen tanto de las condiciones climáticas, como la sequía. El cultivo del olivo, en regadío, aumenta su producción y también su rentabilidad. La sustitución de olivos viejos por nuevas plantaciones ha contribuido también a aumentar la producción de aceite de oliva y a obtener, por lo tanto, mayores rentabilidades. En la zona de regadío la aceituna proporciona mayor rendimiento graso que en las zonas de secano. Es muy importante el tema de las subvenciones en la producción del aceite de oliva, ya que el 35% de los ingresos depende de ellas, por lo que la importancia del porcentaje de cobertura de las subvenciones es muy relevante, tanto en secano como en regadío. La productividad en este sector del olivar ha experimentado un importante crecimiento, de modo que han aumentado los rendimientos por hectárea. Ello ha sido debido a la transformación de extensas zonas de secano en regadío, y a la mejora de la tecnología utilizada en este cultivo. Resulta también interesante observar como los costes del olivar de regadío son inferiores a los costes del olivar de secano. En las últimas cinco campañas, el nivel medio de producción se ha situado en 894 000 toneladas en España, mientras que en Grecia se ha situado en 410 000, y en Italia, en 529 000. Es fundamental para los intereses del sector español adquirir una mayor cuota de mercado mundial del aceite, porque España es el mayor productor, mientras que Italia es el mayor distribuidor. Debemos, pues, aumentar y mejorar nuestros canales de distribución y nuestras exportaciones, porque en ello se encuentra el futuro de este sector para España. Todo ello dependerá de la cooperación y el acuerdo entre todos los agentes que operan en el sector, y no solo de los agricultores, aunque su colaboración y actuación será relevante para que tenga lugar una importante mejora en este sector, el del aceite de oliva español.

En los últimos años el cultivo del olivo ha experimentado un nuevo impulso debido a la aplicación de nuevas técnicas de producción. Después de la catastrófica helada de 1956 se presentó la ocasión para la renovación de la olivicultura; se proyectaron nuevas plantaciones sobre la base de las modernas técnicas de producción, donde ya se tuvo en cuenta la rentabilidad. El olivar (tradicional) fue objeto de trabajos dirigidos a mejorar sus rendimientos. El laboreo, la fertilización, la poda de renovación, la mejora en la recolección y la modernización de las almazaras son los factores que dan ese nuevo impulso al olivar tradicional.

El consumo de aceite de oliva está concentrado en las regiones productoras, por lo que los países de mayor producción son a la vez los de mayor consumo: España, Italia y Grecia. Por el contrario, destaca el bajo consumo de Túnez y Turquía, ya que destinan este producto más a la exportación que al consumo interior. En los últimos años ha aumentado el consumo de este excelente producto, y lo hará en mayor cuantía debido a las buenas propiedades nutricionales y terapéuticas que tiene. En ello ha influido en gran manera la fama conseguida a través de la llamada dieta mediterránea, que provoca que aumente su buena publicidad entre la sociedad.

Los países más consumidores de este aceite de oliva son los siguientes, con sus respectivos consumos en miles de toneladas: Italia (29%), España (21%), Grecia (10%), Francia (4%), Siria (4%), Portugal (2%), y otros países como Túnez, Marruecos o Argelia en menor proporción. Hay dos países que consumen más de lo que en proporción producen; son Francia y Estados Unidos. Italia consume también más aceite del que produce, debido a que exporta gran cantidad de aceite a otros países. España, Grecia, Túnez y Argelia son países más productores que consumidores.

El mayor consumo por persona tiene lugar en Grecia –unos veinte kilos por persona al año–, mientras que España supera mínimamente los doce kilos por persona y año. Nos sigue muy de cerca Italia, y después hay que citar Túnez, Siria y Portugal. En Catalunya, el consumo del aceite supone el 2,5% del gasto alimen-

Diferentes tipos de embotellado y etiquetado para la comercialización al por menor del aceite de oliva virgen extra.

ticio y solo el 0,36% del gasto total per cápita, aunque es de suponer que aumente en los próximos años, debido a la excepcionalidad de este producto.

Lo cierto es que, en todas las situaciones, el comercio exterior presenta una gran fortaleza en este sector. Catalunya llega a comercializar alrededor de un 20% del valor de las exportaciones españolas, mientras que la producción catalana solo supone el 3%.

El aceite de oliva representa solo el 2% del consumo humano mundial de aceites. Solamente en Grecia el consumo de aceite de oliva supera el consumo de otros aceites, mientras que en Argelia, Turquía, Marruecos y Francia, el consumo de otros aceites es mucho más importante que el de aceite de oliva, y eso teniendo en cuenta que ellos también son países productores.

El precio o valor del litro de aceite de oliva es superior, por unidad, al precio de los otros aceites, aunque también es de mayor calidad y resulta beneficioso para el cuerpo humano y la salud. En la calidad del aceite, además del suelo, también intervienen la meteorología, la variedad de la aceituna y el cuidado de los árboles por parte del oleicultor. La mayor parte de los aceites consumidos son los que resultan del *coupage* de aceites, obtenidos de diferentes variedades de aceitunas. Los expertos en degustación destacan el aceite obtenido de la arbequina, en España; la *frantoio*, en Italia; la *koroneiki*, en Grecia; y la *galega*, en Portugal, si bien en ello influye el paladar de cada persona. En Italia, Grecia y Portugal el consumo interno equivale a su producción. Sin embargo, España produce excedentes y diferencia entre lo producido y lo consumido. Ello motiva que los precios sean menores que en otros países, y que exporte estos excedentes a terceros países, como por ejemplo Italia, uno de los países que más aceite nos compra para volverlo a vender, aunque también lo utiliza para mejorar los aceites que produce. Por ello, los países

Escaparate del espacio que la cooperativa de Alfés dedica a la venta y comercialización del aceite de oliva virgen extra.

importadores tendrán precios más altos en estos aceites de oliva virgen extra, y deberán, pues, diferenciar bien los diversos tipos de aceite, como el de soja, girasol, palma..., ya que sus calidades son inferiores. El consumidor tiene que informarse bien antes de consumirlos a través de las indicaciones que figuran en el envase.

El aceite con mayor porcentaje de comercialización es el de palma, seguido a bastante distancia por el de soja, al que sigue el de girasol y el de colza. Los otros aceites comercializados comestibles tienen una menor incidencia. La UE es la que más importaciones realiza. En menor escala, hay que citar también la producción de los siguientes países, en miles de toneladas: Estados Unidos, 177,3; Brasil, 49; Canadá, 26,7; Australia, 20,2; y Japón, 23,2.

En cuanto a las exportaciones, España lidera también los países exportadores. Entre las exportaciones de aceite de oliva virgen extra que realiza España a otros países, destacan las exportaciones realizadas en 2011 a los siguientes países en miles de kilos: a Italia, 356 564; a Francia, 71 622; a Portugal, 47 875; a China, 17 664; al Reino Unido, 17 491; a Brasil, 13 756; a Japón, 10 710; y a Australia, 9 892. El comercio de este producto, dentro de la UE, representa más de las tres cuartas partes del comercio mundial. Como hemos visto, España es líder en exportaciones e Italia lo es en importaciones, seguida de Estados Unidos, donde el consumo está creciendo continuamente. Cada año España exporta cerca de la mitad de su producción, y es Italia su primer destinatario, con el 52% del total, seguida de Francia, con el 21% y de Portugal, con el 12%. El consumo interno, por persona y año, se ha establecido en doce litros y medio, por debajo del consumo medio de Grecia, que se acerca a los veinte litros por persona y año. Sin embargo, dicho consumo en España evoluciona favorablemente en los últimos años.

En España existen mil ochocientas almazaras, la mitad de las cuales funciona bajo el régimen de cooperativas. Las empresas envasadoras contabilizadas no llegan a quinientas. Fue a finales del siglo XIX y a principios del XX cuando empezaron a surgir en Catalunya las cooperativas agrarias. Las cooperativas han sido muy importantes en el proceso de modernización del campo, y el cooperativismo, como movimiento social, ha velado por los intereses de los agricultores y de las zonas en que vivían. En muchas poblaciones agrícolas se construyeron, pues, cooperativas. Algunas de ellas, en Catalunya, destacan por sus características arquitectónicas; entre las que hay que citar la de Gandesa, El Pinell de Brai, Falset, Montblanc, etc. En algunas de ellas, además de producir aceite, se producía y aún se produce vino, ya que estos son los dos productos más usuales en la zona en la que se encuentran. El cooperativismo es la culminación de años de lucha de los agricultores en defensa de sus intereses.

Desde Catalunya se exporta por un valor cercano a doscientos cincuenta millones de euros, aunque hay que recalcar que no todas las exportaciones desde Catalunya son solo de aceites catalanes. Se comercializan también otros aceites españoles, los cuales representan un total del 20% de las exportaciones españolas, mientras que la producción catalana solo es del 3%. Especialmente se exporta a Italia y a otros países de la UE. En el caso de la provincia de Lleida, las exportaciones del aceite de oliva representan cerca del 20% de las exportaciones catalanas. Debemos hacer constar que la mayor región productora de aceite de España, Andalucía, es también la región que más exporta, principalmente a Italia y otros países europeos. Catalunya compra también aceite andaluz, que luego exporta a otros países.

La comercialización de los aceites de oliva se lleva a cabo en ventas al por mayor, por envasadoras locales, o a mercados europeos, pero también en ventas del producto envasado mediante grandes distribuidores. Recientemente está adquiriendo importancia el papel que desempeñan en este comercio, en Catalunya, las llamadas agrotiendas (*agrobotigues*, en catalán), pero debemos tener en cuenta que el aceite que podemos encontrar en ellas será el de la cooperativa que representan, o bien el de la localidad en la que ejercen su actividad. Tiendas dedicadas a la comercialización de diferentes tipos de aceites, de diferentes marcas, hay muy pocas abiertas al público, y en muchas capitales de provincia no hay ninguna; por ejemplo, en la ciudad de Barcelona solo hay cuatro abiertas en el momento de la publicación de este libro. De todas ellas, queremos mencionar la que se encuentra en la ciudad de Baeza, en la provincia de Jaén. Destacan los envases de vidrio de capacidad máxima de un litro. La decoración de los envases es correcta, y quizá la presentación de los envases de aceites andaluces es más lujosa que la que podemos encontrar en los envases de Catalunya. Los precios de los aceites en estas tiendas son elevados, pero debemos tener en cuenta que la mayoría corresponden a aceites de empresas que presentan una buena calidad. Podemos encontrar aceites normales, aceites premiados, aceites ecológicos y también, cada vez más, aceites aromatizados o infusionados, la mayoría de ellos comercializados por empresas catalanas. En estas tiendas predominan los envases de un cuarto de litro o de medio litro. Su destino final es el consumo humano directo, y se comercializan, cada vez más, como un producto de regalo, con un adecuado envoltorio, lo que, lógicamente, también aumenta su precio final.

Actualmente, adquiere importancia la comercialización de este tipo de aceite en mercados internacionales, especialmente en países emergentes como China, India y Brasil, y además se está consolidando el mercado de Estados Unidos y de Canadá. La entrada de estos países en el consumo de este tipo de aceite provocará un incremento en sus precios, todo ello debido a su limitada oferta, lo que causará que este producto natural y sano llegue a alcanzar la categoría de artículo de lujo. En dichos países emergentes cuentan con mucha población, pero solamente una parte de ella tendrá acceso al consumo de este producto, debido al precio que alcanzará en estos mercados internacionales de países emergentes. De momento, el consumo en estos países tiene lugar de una forma escalonada, porque es un producto nuevo y desconocido, pero, a causa de sus efectos saludables, las clases con un alto nivel adquisitivo de estos países cada vez lo conocen más y aumenta su consumo.

El proteccionismo comercial que puedan llevar a cabo ciertos países frente al consumo de este apreciado aceite puede ser un freno al aumento de su consumo. El control de la calidad en el consumo realizará un papel importante en su

Exposición de diferentes envases en uno de los estands de la Fira de l'Oli de les Borges Blanques, 2013.

comercio internacional. Dicho control debe ser ejercido tanto en el momento de exportarlo como en el momento de importarlo, así como en su comercialización en el interior del país en cuestión.

El envasado y la presentación de este producto, actualmente, han mejorado mucho. Se utilizan envases de diferentes volúmenes, de diseño, con una buena presentación y con un adecuado envoltorio, a fin de llamar más la atención del consumidor, e incluso se llega a adquirir como un producto para el regalo. La producción de los llamados aceites ecológicos y especiales, como también los aromatizados, es limitada. Al unir su calidad y su buena presentación en el mercado ha provocado el aumento de los precios de forma significativa, pero también ha contribuido a diversificar el tipo de aceite de oliva que cada uno desea consumir o adquirir en cada momento.

Economía de la explotación oleícola

El utilizar la palabra *economía* implica tener que referirnos a la oferta y a la demanda. Debemos tener en cuenta que España es, con diferencia, el primer productor mundial de aceite de oliva virgen extra, y que del total del consumo mundial de aceites solo el 2% es de aceite de oliva virgen extra. Tenemos, pues, en nuestro país, una importante oferta para satisfacer una demanda interna y externa que cada vez crece más, ya que el consumo de este producto es beneficioso para la salud y cunde mucho más que la utilización de otras grasas vegetales.

Así pues, los ingresos de los productores olivareros se obtendrán por la venta de este producto y sus cuatro subproductos derivados. Para este sector es importante, por un lado, el cobro de las subvenciones de la PAC, que llegan a alcanzar el 30% de los ingresos de las explotaciones agrícolas, y por otro lado, los gastos necesarios para la obtención de este preciado producto. De la diferencia entre los ingresos y los gastos obtendremos el rendimiento de la actividad. Una alternativa para aumentar la rentabilidad de las explotaciones oleícolas es la autocomercialización de la producción, con la obtención aceites de alta calidad, a la vez que se deberán minimizar los gastos mediante la mecanización del cultivo, la puesta en regadío de las explotaciones, si es posible, y el control de la elaboración de dicho aceite. Se distinguen dos tipos de mercados, relacionados entre sí: el primer mercado, denominado *mercado en origen*, en el que los olivareros actúan como productores y las almazaras, como demandantes; y el segundo mercado, denominado *mercado en destino*, que incluye a los demandantes, consumidores del país, importadores, industrias alimentarias, etc.

La CE, en su Reglamento 136/66, consideraba tres tipos de precios: el precio de la producción, el precio de la intervención y el precio representativo del mercado. El precio de intervención y el precio representativo del mercado dejaron de estar vigentes en la campaña 1999, y el precio indicativo ha desaparecido con la reforma del año 2003. La ayuda a la producción es la única que permaneció del FEOGA, hasta la reforma del 2003, si bien en anteriores campañas se habían concedido también ayudas a las empresas envasadoras. De la llamada PAC y de sus características hablaremos en un capítulo específico, a partir de la página 95, ya que en este sector es imprescindible la llamada política agraria comunitaria.

En el apartado de los costes necesarios para la obtención de dicho producto debemos citar, como más importantes por su relevancia en el coste total, los siguientes: en primer lugar, la mano de obra, tanto la fija como la de recolección, que en conjunto representará el mayor coste de producción, y que ha supuesto un importante incremento en las últimas campañas; en segundo lugar, los repuestos de maquinaria y las reparaciones, los cuales representan también un importante porcentaje en el coste total; y finalmente, la energía, los fertilizantes y los productos fitosanitarios, que también participan en dichos costes de producción. Debido, pues, al alto coste que representa la mano de obra –el 60% de los gastos anuales en este cultivo–, los olivicultores están introduciendo cada vez más maquinaria, la cual sustituye a dicha mano de obra, especialmente en la recolección. El precio de la tierra también tiene una importante incidencia, ya que en los últimos ejercicios su valor ha sufrido un importante crecimiento, por lo que la inversión puede suponer un verdadero problema económico para el olivarero que quiera engrandecer su explotación.

Resumiendo, las principales labores a realizar en la explotación agrícola –donde, como ya hemos dicho, la mano de obra supone el principal coste– para la obtención del aceite son las siguientes: la poda, el tratamiento con herbicidas, el riego, el desvareto o eliminación de brotes no deseados, la preparación del suelo y, finalmente, la más importante, la tarea de recolección de la aceituna. Esta última es quizá la labor que más se ha mecanizado y en dónde la maquinaria ha sustituido a mucha mano de obra, lo que ha supuesto una disminución de los gastos de la explotación oleícola, aunque, como consecuencia, han aumentado los de amortización de dicha maquinaria.

Haciendo una clasificación de las explotaciones oleícolas en cinco modelos, tendríamos: tradicional de secano (cien olivos por hectárea), tradicional de regadío (cien olivos por hectárea), intensiva (de doscientos a trescientos olivos por hectárea), de alta densidad (de cuatrocientos a setecientos olivos por hectárea) y superintensiva (de mil quinientos a dos mil olivos por hectárea). En las explotaciones tradicionales de secano y regadío, el trabajo es, en su mayor porcentaje, manual, y en el resto se utiliza básicamente la maquinaria. Las cosechas obtenidas en estas diferentes explotaciones varían mucho de la explotación tradicional de secano a la superintensiva. La recolección por día en cada una de estas explotaciones va desde

Plantación de olivos arbequinos, con riego por goteo.

los 2 500 kilos por día en la tradicional de secano, hasta a los 34 000 kilos por día en la superintensiva, con la utilización de la llamada cosechadora. En las explotaciones superintensivas, al cuarto año de la plantación se alcanza ya la plena producción, lo cual las hace más rentables aún, ya que la plena producción en las otras plantaciones se alcanza a partir del sexto año. De todo ello podemos deducir que son las explotaciones de alta densidad y superintensivas las que dan mayor rentabilidad actualmente y tienen mejores perspectivas de futuro. Cada vez se diseñarán, en este sector, explotaciones de mayor superficie y que a la vez tengan su propia almazara y su propio sistema de comercialización del producto del aceite obtenido. Para ello habrá que ajustar toda la maquinaria para la obtención del aceite a la producción que diariamente obtengamos en la explotación –o explotaciones, en función de si nos referimos a un propietario o a una cooperativa–, y la producción diaria deberá procesarse antes de veinticuatro horas, para obtener un producto final de gran calidad. La propia comercialización de este producto supondrá también un mayor valor añadido para el productor, bien como particular, bien como sociedad o bien como unión de varios agricultores en cooperativas.

Con la cotización actual del aceite virgen extra en las explotaciones tradicionales, los ingresos no cubren los costes de producción y las respectivas amortizaciones. En las plantaciones más intensivas y de regadío, los mejores resultados se han obtenido en las explotaciones de alta densidad, de cuatrocientos a ochocientos olivos por hectárea. En dichas explotaciones, el resultado de explotación, el beneficio, ha llegado a la cifra del 50%, mientras que en las explotaciones superintensivas lo ha hecho al 40%, y en las tradicionales el porcentaje es mucho menor.

Con la cotización actual del aceite de oliva solo las explotaciones con un buen nivel de mecanización y con producciones superiores a mil kilos de aceite por hectárea pueden resultar rentables. Si cuidamos de manera exquisita la elaboración y la comercialización de estos aceites de gran calidad, realizando las cosechas en su momento, molturando a bajos ritmos y temperaturas, y utilizando un buen sistema de envasado, podremos mejorar los beneficios obtenidos. Será cada día más importante realizar una buena comercialización, tanto para los mercados internos como para los mercados externos, mediante la exportación a otros países cuyo consumo es mayor que su producción, como Estados Unidos, Canadá, Japón y China, en los cuales el consumo aumenta de forma progresiva.

Una limitación importante en el desarrollo de futuras explotaciones modernas, con maquinaria actual y con los equipos necesarios para la producción de aceites de buena calidad, será la inversión a realizar en la explotación y cómo realizarla, ya que en algunos casos puede llegar a ser elevada y su viabilidad dependerá de la capacidad financiera y comercial del empresario.

Debemos citar también, por su importancia como competidor directo del aceite de oliva, el aceite obtenido del girasol. Aunque el consumo de ambos ha aumentado en los últimos ejercicios, no dejan de ser competidores directos, si bien el precio del aceite de oliva, en los últimos periodos, ha aumentado, y el precio del aceite de girasol se ha reducido. Ello puede cambiar las tendencias de los consumidores, que pueden sustituir el consumo del aceite de oliva por el de girasol, aunque la diferencia de calidad entre los dos es significativa en favor del aceite de oliva virgen extra. También hay que nombrar otros aceites, como el de palma o el de cacahuete, con precios y calidades inferiores.

Otro elemento aún no citado y que puede incidir directamente sobre el precio de este preciado producto son las alteraciones fruto de las condiciones climatológicas y pluviométricas, que pueden tener una incidencia significativa sobre el total de la cosecha obtenida y sobre su calidad. Ello puede incidir de forma directa en el precio, ya que la oferta disminuirá y, si el consumo se mantiene, el precio tenderá a aumentar, lo cual podría provocar un efecto sustitutivo en los consumidores hacia otros tipos de aceite, como el de girasol. Para regular estas posibles alteraciones fruto de la climatología, las cuales pueden causar importantes variaciones en los precios, la nueva PAC debería contar con mecanismos de ajustes para controlar los mercados.

La estructura empresarial del sector, podríamos resumirla con la siguiente información. Sabemos que España es el primer productor mundial de aceite y de aceitunas de mesa, y cuenta con un elevado número de olivicultores, aproximadamente unos 650 000. La mayoría transforma su aceituna en empresas asociativas; más del 55% de la producción se elabora en almazaras, cooperativas y sociedades agrarias de transformación (SAT), que suman unas mil en toda España. Las almazaras particulares ascienden a ochocientas; las extractoras de orujo son unas cincuenta y cinco; las refinerías de aceite, treinta y cinco, y las envasadoras, en claro aumento los últimos años, superan las quinientas. Recientemente se han creado también las llamadas cooperativas de segundo grado, a fin de dar mayor impulso a la comercialización de estos productos.

Con relación a la extracción y el refino de orujo, se ha producido también una importante concentración en los últimos años. Ello se ha debido tanto a la mejora del transporte como a la renovación tecnológica de las almazaras. El refino de los aceites se encuentra bastante concentrado y aprovechan sus instalaciones para refinar también aceites de semillas como el girasol y la colza. En cuanto al envasado, un pequeño número de empresas envasadoras representa más de la mitad del aceite envasado, pues hay muchas empresas envasadoras de reducida dimensión. Un ejemplo son las pequeñas cooperativas que envasan reducidos lotes para su venta directa a los socios, sin que se trate de mercancías que lleguen a los canales habituales de la distribución, es decir, a consumidores no relacionados con el sector de la producción del aceite.

La evolución seguida por los precios en euros corrientes nos muestra un aumento continuo del precio del aceite de oliva, así como también un aumento de su producción. Deberá ser la comercialización mediante la mejora del envasado y su presentación al consumidor la que ponga el listón alto, a fin de poder aumentar las ventas mediante las exportaciones a terceros países donde el consumo del aceite virgen extra está aumentando, con un especial control de su calidad. Todo ello incrementará el valor añadido que, a través de este producto, reciba el olivicultor, lo que facilitará que este importante sector agrícola en España abarque más mercado.

Denominaciones de origen

Las denominaciones de origen (D. O.) son sellos de calidad de un determinado aceite, al que se le reconoce unas características propias, en función de una zona y de unas cualidades específicas, que lo diferencian de otros aceites. Estas diferencias, entre ellas, son a veces muy pequeñas y pueden depender de la zona, por su climatología, y de la mezcla de diferentes tipos de aceituna que se utilizan para la obtención del aceite.

Las denominaciones de origen tienen un consejo regulador que certifica y controla el envasado del aceite en cuestión, el cual está ligado a una zona y a unas determinadas características. Los aceites de oliva y de orujo no están contemplados por los consejos reguladores de España; es decir, solo se protege el aceite de oliva virgen extra. Este consejo regulador otorga la denominación de origen protegida (D. O. P.) a los aceites que cumplen las características que este organismo exige. Su tarea consiste en controlar la calidad de los aceites que protege, analizando sus características organolépticas. En primer lugar, garantizan su origen geográfico, y en segundo lugar, garantizan la calidad obtenida. No debemos pensar que, pese a la garantía que representan las denominaciones de origen, fuera de ellas no existan aceites de calidad. Podemos incluso encontrar, en productores particulares, aceites de tanta o mejor calidad que los que están protegidos con la D. O., ya que quien ha establecido la normativa es la Unión Europea. La UE ha determinado, en España, la D. O. P. solo para aceites de oliva virgen extra, y dicha información aparece en el envase para acreditar la calidad de cada uno de estos aceites.

En España, en la actualidad, hay veintitrés denominaciones de origen protegidas, y el mayor número de ellas se encuentra en la región de Andalucía. Hay también en las otras regiones, como citaremos seguidamente, excepto en aquellas donde no se produce aceite: Galicia, Asturias y el norte de Castilla.

Logotipos de las diferentes denominaciones de origen existentes en España.

En Catalunya hay cinco denominaciones de origen: la D. O. P. Garrigues, la D. O. P. Siurana, la D. O. P. Terra Alta, la D. O. P. Baix Ebre - Montsià y la D. O. P. Empordà. En las dos primeras (D. O. P. Garrigues y D. O. P. Siurana), nos extenderemos más, ya que sus aceites son de una calidad excelente y fueron las dos primeras denominaciones de origen protegidas que se concedieron en España.

- D. O. P. Garrigues: Fue la primera D. O. obtenida en España, en el año 1975. Primeramente, su nombre era D. O. Borges Blanques, pero posteriormente, en 1994, se transformó y pasó a llamarse D. O. Les Garrigues. En 1996 le otorgaron la D. O. P., aún vigente en la actualidad. Su nombre lo debe a la comarca llamada les Garrigues, en la provincia de Lleida. Abarca la producción que se obtiene en varios pueblos de dicha comarca y también la obtenida en varios pueblos de las comarcas del Segrià y del Urgell. El total de dicha producción asciende a 4,3 millones de litros de

Anagrama de la D. O. P. les Garrigues.

aceite. Su acidez, no superior a 0,2°, y el resto de características lo clasifican entre los mejores tipos de aceite que se producen en el mundo. La oliva utilizada para la obtención de este aceite, en un 95%, es la arbequina, y el restante, (el 5%) la llamada verdial. La mayor participación de la aceituna arbequina en este aceite es lo que le da una mayor calidad. En su espacio también se produce aceite ecológico, aunque en cantidades muy limitadas. Los aceites de esta D. O. P. han conseguido premios internacionales. Las propiedades de este aceite, medicinales y gastronómicas, son muy apreciadas. Es un aceite afrutado medio-alto, rico en polifenoles. La combinación con aceites de la variedad verdial potencia las sensaciones de picante y amargo, al mismo tiempo que aumenta el afrutado y los aromas verdes.

- D. O. P. Siurana: Fue la segunda D. O. P. que obtuvo dicha clasificación en el ámbito español, en el año 1977. Incluye las comarcas del Priorat, el Tarragonès, la Ribera d'Ebre, el Alt Camp y el Baix Camp, el Baix Penedès y la Conca de Barberà. Pueden diferenciarse dos zonas: la interior, situada en las sierras del Montsant y de la Llena, y otra al este de la anterior, que coincide con las comarcas del Camp de Tarragona. Las diferentes condiciones climáticas de estas dos subzonas suponen perfiles sensoriales en cada una. Sus características como aceite son también sobresalientes, y su grado de acidez es inferior a 0,5°. En su obtención se utiliza la oliva llamada arbequina, en su mayor porcentaje, y otras clases de aceitunas propias de la zona. Su producción alcanza los cuatro millones de litros. En su espacio hay dos zonas reducidas que producen aceite ecológico. Los aceites de esta D. O. P. han conseguido varios premios de reconocimiento internacional.
- D. O. P. Terra Alta: Abarca varios pueblos de la provincia de Tarragona, de las comarcas de la Terra Alta y Ribera d'Ebre. El clima es continental, es decir, caluroso en verano y frío en invierno. Tiene poca pluviometría y los suelos son pobres y calizos. En su producción se utilizan varios tipos

de aceituna. La variedad principal es la empeltre, y en pequeñas proporciones, la arbequina, la morrut y la farga. El aceite suele ser afrutado medio-bajo. Son aceites transparentes, de color amarillo y de agradable sabor almendrado.

- D. O. P. Baix Ebre - Montsià: Abarca varias localidades de estas comarcas catalanas, pertenecientes a la provincia de Tarragona. Las variedades de aceitunas utilizadas en la producción de este aceite son la morrut, la sevillana y la farga. Como característica de este tipo de aceite hay que destacar que en su espacio podemos encontrar olivos muy antiguos, milenarios, los cuales producen un tipo de aceite de excelente calidad, pero sus producciones son muy limitadas, lo que motiva que sus precios sean superiores. El clima de la zona es mediterráneo, con mucha humedad ambiental en determinadas épocas, y muy ventoso en otras. Los suelos son más bien pobres, bastante delgados y calizos. Los aceites de esta zona tienen una gran diversidad sensorial y riqueza potencial.
- D. O. P. Empordà: Esta denominación de origen abarca la producción de aceite realizada en varios pueblos de la provincia de Girona. Incluye las comarcas del Alt Empordà y el Baix Empordà y del Pla de l'Estany. Los suelos son ricos en nutrientes y tienen una profundidad media. El clima es mediterráneo, húmedo y muy ventoso. El perfil de estos aceites es afrutado intenso. Tiene un alto contenido en polifenoles. Utilizan las aceitunas argudell, corivell y verdiell, que son autóctonas, y también las arbequinas. Normalmente, el aceite obtenido es la mezcla de todas ellas. Es un aceite limpio y transparente, y con un sabor amargo, picante y equilibrado. Su acidez máxima es de 0,8° y su K270 máximo es de 0,2. Se suele envasar en la misma zona en la que se produce. En esta zona la producción de la aceituna es muy antigua, ya que Empúries era uno de los proveedores de Atenas. Es menos conocida que las citadas anteriormente y su producción también es menor.

Del resto de España debemos citar, por su importancia en producción, primeramente, las denominaciones de origen protegidas que pertenecen a la región de Andalucía:

- D. O. P. Baena: Incluye variedades de aceituna como la picual, la hojiblanca y la lechín. Produce cerca de veinticinco millones de aceite al año. Es una de las que mayor cantidad de aceite produce en España.
- D. O. P. Montes de Granada: Produce dos tipos de aceite; uno es afrutado y suave y el otro es afrutado e intenso. Las aceitunas utilizadas en la producción de este aceite son la picual, la lucio, la loaime, la gordal de Granada y otras.

- D. O. P. Poniente de Granada: Utiliza las variedades de aceituna hojiblanca, picual, lucio y otras. Abarca la producción realizada en varios pueblos de la provincia de Granada.
- D. O. P. Priego de Córdoba: Utiliza las variedades de aceituna picudo, hojiblanca y picual. Su producción se encuentra cercana a los diecisiete millones de litros de aceite anuales. Abarca varias poblaciones situadas en la provincia de Córdoba. La acidez de su aceite es inferior a 1°.
- D. O. P. Sierra de Cádiz: Utiliza las variedades de aceituna manzanilla, picual, verdial, arbequina y otras. Su aceite es de baja acidez y de buena calidad.
- D. O. P. Sierra de Cazorla: Utiliza las variedades de aceituna picual y royal. Produce ochenta millones de litros de aceite al año. Es quizá la que mayor producción en litros de aceite presenta en España. Sus aceites son de una acidez máxima de 0,7°, de color verde y amarillento.
- D. O. P. Sierra del Segura: Utiliza las variedades picual, verdial, royal y manzanilla de Jaén. Su aceite tiene una acidez inferior a 1°. La producción anual alcanza los catorce millones anuales.
- D. O. P. Sierra Mágina: Utiliza la variedad picual. Sus aceites tienen menos de 0,5°, y su gusto es amargo y afrutado. La producción alcanza los cuarenta millones de litros de aceite al año, por lo que es una de las de mayor producción de España.
- D. O. P. Estepa: Utiliza las variedades hojiblanca, manzanilla, arbequina, lechín y picual. Abarca diversas poblaciones de la comarca de Estepa, en la provincia de Sevilla, y también la localidad de Puente Genil. Sus aceites tienen una acidez inferior a 0,3°, por lo que son de buena calidad.
- D. O. P. de Antequera: Comprende la comarca del mismo nombre, en la provincia de Málaga. Produce unos aceites equilibrados. Utiliza las variedades de aceituna hojiblanca, picual, lechín, arbequina y otras.
- En la región de Extremadura debemos citar las dos siguientes denominaciones de origen protegidas:
- D. O. P. Aceite Monterrubio: Utiliza las variedades de cornezuelo y picual. Este aceite es algo picante. Abarca varias poblaciones de la provincia de Badajoz.
- D. O. P. Gata-Hurdes: Utiliza las variedades de manzanilla y otras. Su aceite es algo picante. Tiene alto contenido en ácido oleico.

Dentro de la región de Aragón debemos citar:

- D. O. P. Bajo Aragón: Utiliza las variedades de aceituna royal, arbequina y empeltre. Su aceite no es amargo, sino algo dulce. La producción de esta D. O. P. llega a alcanzar los ocho millones de litros de aceite anual. Abarca diversas localidades situadas en el Bajo Aragón.

En la región de Castilla-La Mancha encontramos la siguiente D. O. P.:

- D. O. P. Montes de Toledo: Utiliza varios tipos de aceituna y su producción alcanza los veinte millones de litros de aceite anual. Su acidez es inferior a 0,7°. Abarca diversas poblaciones situadas en la provincia de Toledo.

En la región de Navarra, debemos citar la siguiente D. O. P.:

- D. O. P. La Rioja: Utiliza varios tipos de aceituna, entre ellas la arbequina. Abarca diversas localidades situadas en la comarca de La Rioja. Es la última D. O. P. que se ha concedido en España.

Finalmente debemos citar, en Mallorca, la siguiente D. O. P.:

- D. O. P. Aceite de Mallorca: Utiliza varios tipos de aceituna, como la arbequina, la empeltre y la picual. Este aceite es algo dulce. Se produce en varias localidades situadas en la isla de Mallorca.

El Convenio y el Consejo Oleícola Internacional

La primera Conferencia Internacional sobre el Aceite de Oliva y las Aceitunas de Mesa se convocó en 1955. El año siguiente, en 1956 se adoptó el primer Convenio Internacional. Más tarde, en 1963 se renovó, y en 1969 tuvo lugar el tercer Convenio. Finalmente, en 1986 se acordó el cuarto, que entró en vigor en 1994. En este convenio, además del aceite de oliva, se incluyó la aceituna de mesa. Es el único convenio multilateral que se refiere a las materias grasas.

El Consejo Oleícola Internacional es la institución creada para asegurar la puesta en marcha del Convenio Internacional y controlar su aplicación. El Consejo es el encargado de promover acciones dirigidas al desarrollo de la economía oleícola mundial, tanto con relación a la producción como al consumo. Está también autorizado para hacer estudios y trabajos, a fin de poder alcanzar los objetivos del Convenio.

El mercado del aceite de oliva tiene limitaciones geográficas y ello caracteriza su producción, su consumo y los intercambios que se realizan a nivel mundial. El aceite de oliva representa un pequeño porcentaje de la producción mundial de aceites vegetales, aproximadamente el 2%, aunque en la cuenca mediterránea este porcentaje es muy elevado. Hasta la actualidad los países consumidores de este producto eran los mismos países productores.

La evolución del consumo mundial es una buena prueba de la importancia del consumo interior de los países productores. El crecimiento de la demanda de países no productores tiene relación con las propiedades gastronómicas y saludables de este producto. Al aumentar su consumo, también ha incrementado su precio, que es superior al precio de las otras grasas, aunque su calidad es también muy superior. La utilización de maquinaria y técnicas modernas ha contribuido a aumentar su producción, y su comercialización también ha mejorado debido a las nuevas formas de presentación, envasado y búsqueda de nuevos mercados; todo ello está dirigido tanto a los propios países productores como a los no productores. La utilización de otras grasas, como sustitución del aceite de oliva, motiva que en ocasiones se realicen mezclas entre aceites, lo que implica que a veces estas sean fraudulentas, lo cual perjudica la publicidad de este producto. Consecuentemente, deben establecerse mecanismos de control y de denominaciones de origen, todo ello para la protección y la creación de una buena imagen de este excelente producto.

En materia de política económica, el Consejo Oleícola Internacional tiene amplias funciones de información y coordinación de las diferentes políticas oleícolas nacionales. Todo ello necesita de una ayuda financiera adecuada, la cual es limitada para los países que se encuentran en vías de desarrollo. Dentro de las medidas de promoción, deben tener importancia las que favorezcan el aumento del consumo del aceite de oliva y también de las aceitunas de mesa. La acción de promoción del Consejo Oleícola Internacional se basa en tres planteamientos: aumentar las investigaciones e informar al consumidor de las ventajas de su consumo; aumentar su comercialización desde el punto de vista nacional y desde el punto de vista internacional; y ofrecer garantías de calidad de este producto para los consumidores.

El comercio nacional e internacional de este producto es vulnerable a la especulación y al fraude. La especulación ha influido en los precios, y el fraude es consecuencia de mezclar diferentes tipos de aceites, con la finalidad de disminuir su precio, aunque ello pueda tener riesgos para la salud del consumidor. El aceite de oliva, a diferencia de otros productos, no cuenta con una bolsa o un mercado a plazo.

La ausencia de medidas intervencionistas en el Convenio Internacional no quiere decir que no cuente con medios de regulación del mercado. Diversas disposiciones permiten coordinar las políticas oleícolas y evitar fluctuaciones entre la oferta y la demanda, aunque, de todas formas, el Consejo Oleícola cuenta con medios escasos. El Convenio Oleícola debe proteger e impulsar este sector, debido a la importancia socioeconómica que tiene en los países productores. En estos países el cultivo del olivo se presenta como una alternativa económica, ya que su cultivo se realiza, en ocasiones, en zonas áridas, desfavorecidas y con poca industrialización. La dificultad de encontrar cultivos alternativos lo convierte en un buen medio para evitar el abandono de tierras y paliar el éxodo rural.

La labor de coordinación de la política oleícola resulta importante en materia de comercio exterior, ya que se debe coordinar el acceso a los mercados, la seguridad en los abastecimientos y la lucha contra la competencia desleal. Para ello, el Convenio debe utilizar al Consejo Oleícola, el cual, mediante sus comités, tiene que proporcionar la estructura para realizar las funciones de puesta en marcha de diferentes proyectos e imprimir dinamismo a este sector.

El Consejo ha procurado difundir el método de valoración organoléptica del aceite de oliva y formar a los jefes de los llamados paneles de cata. A ellos se les ha concedido la debida importancia, ya que el análisis sensorial es necesario para el reconocimiento de la calidad de este producto. El Consejo ha puesto a punto un método internacional de gran éxito y de aplicación uniforme por los paneles de cata de cualquier país.

En los últimos años, el Consejo ha realizado y financiado importantes campañas promocionales en países como Estados Unidos, Australia, Japón y Canadá. Los mensajes se centran en los aspectos gastronómicos y en el efecto en la salud que proporciona el consumo del aceite de oliva. A ello ha ayudado la importancia que ha adquirido la dieta mediterránea, y también los últimos estudios científicos que se han realizado relativos a temas cardiovasculares.

El Consejo también ha organizado encuentros científicos en países como España, Italia, Reino Unido, Marruecos y Turquía. Para ello tiene un fondo especial y un grupo de médicos e investigadores que coordinan los estudios que se realizan.

Debido a que España es el principal productor de aceite de oliva en el mundo, el Consejo Oleícola Internacional ha escogido Madrid para fijar su sede. Los consejos reguladores que vigilan la calidad de los aceites de oliva vírgenes extra están repartidos por todas las zonas productoras de España. Disponen de modernos laboratorios para llevar a cabo los respectivos estudios y también para poder realizar meticulosos procesos de seguimiento de la elaboración de este producto.

Las políticas oleícolas y la PAC

Las normas generales de esta actividad de promoción se definieron en el Reglamento de la UE 1970/80 del Consejo, mientras que las modalidades técnicas de aplicación las estableció el Reglamento de la UE núm. 1348/81 de la Comisión. Las medidas de promoción del aceite de oliva son gestionadas directamente por la Comisión. Hasta la actualidad, se han realizado diferentes programas promocionales, con un aumento progresivo del compromiso financiero. Es evidente que todo ello ha contribuido a difundir una imagen nueva de dicho producto, así como a su conocimiento y aprecio en los mismos países productores. La recuperación y el mantenimiento de altos niveles de consumo en los países productores, y el aumento de la demandada en los otros países de la comunidad, dan resultados positivos.

En cuanto a la llamada aceituna de mesa, la Unión Europea decidió, a través del Reglamento núm. 1332/92, participar en la financiación de acciones destinadas a fomentar el consumo de aceitunas de mesa en la propia Unión. Las acciones objeto de financiación deben tener como finalidad la promoción de la calidad del producto, mediante estudios y trabajos de mercado y de investigación. Las modalidades técnicas de aplicación de las medidas de promoción se fijaron en el Reglamento de la UE 1601/92 de la Comisión. El primer grupo de programas a favor de las aceitunas de mesa, presentado por organizaciones de países productores, fue aprobado en su momento por la Comisión y, últimamente, se han ido aprobando nuevos programas relacionados con él.

A pesar de su baja participación en el mercado mundial de aceites vegetales, el aceite de oliva tiene una importancia socioeconómica fundamental, ya que el cultivo del olivo es el medio de vida para más de dos millones de familias. Además, el aceite de oliva y las aceitunas de mesa son un componente esencial en la dieta de la cuenca mediterránea, donde se concentra el 98% de la producción mundial. El conjunto de países productores se puede dividir en dos: los grandes productores, con una política oleícola bien estructurada, y los de menor producción, cuya política suele ser menos desarrollada.

Toda política oleícola incide sobre tres puntos esenciales: la producción, la transformación y la comercialización del producto. En el campo de la producción, se debe mejorar en la utilización de técnicas del cultivo y de obtención del aceite, a fin de conseguir una mayor rentabilidad y mejorar las rentas de los agricultores implicados en esta tarea. Existen, para hacer frente a este problema, las llamadas ayudas gubernamentales, que pueden variar de un país a otro. Una medida importante es la de garantizar la compra del producto a un precio mínimo. En el campo de la transformación se debe favorecer la industrialización del proceso; para ello, se ha establecido también la concesión de ayudas estatales. Por último, en el campo de la comercialización, hay que tener en cuenta que la irregularidad de las cosechas hace difícil mantener la estabilidad en los precios, y a ello se une también la necesidad de competir con otros aceites vegetales, generalmente más baratos.

Las medidas previstas por distintos países para competir en los mercados suelen variar en cada uno de ellos, ya que el problema es mayor en los grandes productores. En estos se utilizan diversas estrategias para hacer más atractivo el consumo del aceite de oliva, y también se incentiva más la mejora de la calidad y la lucha contra los fraudes y la competencia desleal. En estos países de mayor producción, buena parte del aceite de oliva producido va a la exportación.

Para la consecución de estos objetivos hay que avanzar en la coordinación de las acciones que adopten los diferentes estados. Hay que poner el acento en las importaciones y exportaciones, además de conseguir una normalización en el sector, después de superar los obstáculos con que tropiezan los intercambios internacionales.

La política agraria comunitaria, la PAC, tiene su origen en el Tratado de Roma, de 1958. En él se impulsó un proceso de producción en la agricultura y, en especial, en el sector del aceite de oliva, que implicó una auténtica revolución productiva en Europa. Desde 1992 se inició un proceso de reformas de la PAC que llegó a suponer entre el 75% y el 80%, de gasto comunitario con relación al presupuesto global comunitario. Las sucesivas reformas de la PAC se han encontrado inmersas en un proceso de continua reducción presupuestaria.

En el periodo 2007-2013, el presupuesto destinado a la PAC quedó prácticamente congelado. Hay que tener en cuenta que, antes, dicho presupuesto se repartía entre quince países, y que ahora deberá repartirse entre veintiocho, debido a la ampliación de la Unión Europea. En consecuencia, esta nueva situación ha supuesto una merma gradual de los recursos disponibles desde 1985.

Típica plantación de olivos arbequinos.

La reforma de la PAC prevista para el periodo 2014-2020 pretende buscar una distribución sectorial y geográfica igual de las ayudas, con la eliminación los llamados derechos históricos, lo que supone la nueva línea futura de apoyo. En el periodo citado, la PAC tendrá grandes implicaciones en el sector agroalimentario y también en el sector del aceite de oliva. Los objetivos estratégicos que persigue la futura PAC están relacionados con los siguientes aspectos a tener en cuenta: potenciar la producción agraria en la unión económica, apoyar el sector agrario comunitario, contribuir a mitigar el cambio climático y mantener comunidades rurales viables para crear empleo local.

La futura PAC deberá tener un primer pilar más verde y distribuir las ayudas de una forma más equilibrada; el segundo pilar tendrá que centrarse en la competitividad e innovación, todo ello respetando el medio ambiente y el cambio climático. Las ayudas se enfocarán a los agricultores activos; se aumentará la efectividad de las ayudas, pero, a la vez, se tendrán en cuenta los recursos limitados que se destinarán a ello, así como el impacto severo de la crisis económica, en general, y en la agricultura, en particular. Se deberán tener presentes los nuevos retos económicos, los medioambientales y los de carácter territorial. En los pagos que se deberán hacer con la nueva PAC, será necesario introducir criterios de equidad, equilibrio y homogeneidad en cuanto a la distribución.

Para el periodo 2007-2013 la partida media de la UE destinada a la PAC para España ha sido de unos cincuenta mil millones de euros. Para el periodo 2014-2020 es probable que el presupuesto comunitario se vea reducido entre el 5% y el 10%, tanto en el volumen como en el destino de las ayudas. De esta forma, la media por hectárea, para la UE, oscilaría entre los doscientos cincuenta y los trescientos euros. Por lo que a España respecta, las ayudas recibidas para el 2010 han supuesto 346 euros de media por hectárea productiva. De tener lugar la reducción esperada, de entre el 5% y el 10%, el importe a recibir se situaría, en España, en torno a los 235 euros por hectárea.

En España, la distribución por comunidades autónomas es la siguiente: Andalucía, el 32%; Castilla, el 32%; Extremadura, el 12%; Aragón, el 12%; Catalunya, el 5%; Navarra y La Rioja, el 3%; y el resto de comunidades, el resto de las ayudas, con una media del 1% para cada una de ellas. En la comunidad andaluza el sector olivarero absorbe más del 53% de las ayudas recibidas, ya que es también la región de mayor producción de aceite de oliva de España. Dicha ayuda se distribuye en función de los derechos históricos, y son unos quinientos setenta euros por hectárea, por lo que es superior a la media española y a la media europea con mucha diferencia (casi el 200%). Por ello, el olivar tradicional andaluz, y por ende el español, pasa a ser poco rentable, ya que las ayudas percibidas suponen una parte importante (cerca del 30%) de los ingresos percibidos por los agricultores olivareros.

Las instituciones de la UE han aprobado las líneas básicas de la PAC hasta el año 2020, pero han dejado aún algunos cabos sueltos, mucha letra pequeña por leer y muchos interrogantes por despejar. Se supone que la nueva PAC fomentará un crecimiento inteligente, sostenible e integrador. Mientras el ministro español se ha mostrado eufórico con dicho acuerdo, afirmando que se ha conseguido el 30% de la renta agraria de los agricultores españoles, el *conseller* de Agricultura de la Generalitat no es receptivo a todo ello, ya que recela del método que pueda aplicar el Gobierno español. Según el ministro, España contará con 35 705 millones de euros en ayudas directas, 8 291 para el desarrollo rural y 3 000 para medidas de mercado; en total son 47 000 millones para el periodo 2014-2020. El Parlamento Europeo quiere evitar pagos a aquellos que no son agricultores activos. El sentir general del sector agrario español es que ha salido bien parado de la negociación, aunque dicho acuerdo no fue votado ni por Alemania ni por el Reino Unido. En España el gran debate se centrará en la regionalización de estos fondos de la PAC, que hasta el momento se distribuían por comunidades, y que ahora el ministro quiere que se repartan como una competencia estatal. La PAC es cuidadosa con el medio ambiente, y apoyará las acciones que disminuyan el impacto ambiental y promocionen el ahorro energético en las exportaciones. Un aspecto también positivo son las ayudas para promover la entrada de jóvenes y pequeños agricultores.

La nueva PAC, que se ha aprobado en fechas recientes, afectará el periodo 2014-2020. La reforma de la nueva PAC propone una serie de novedades, entre las que se debe destacar la desaparición de los tradicionales derechos históricos. La Comisión Europea pretende que todos los agricultores reciban una cantidad uniforme por hectárea y se da mayor protagonismo a los estados miembros en la distribución de dicha PAC. Una cuestión importante es saber quién tendrá acceso a la nueva PAC. Según la propuesta de la Comisión Europea, los beneficiarios tendrán que poder definirse como «agricultores activos», nuevo concepto que introduce esta reforma, ya que a estos se les exigirá que al menos el 20% de sus ingresos proceda de sus actividades agrícolas en el ejercicio fiscal más reciente. Deberán también llevar a cabo una actividad agraria mínima sobre sus tierras. La nueva PAC establece también un régimen de pagos directos, que incluyen, además del pago básico, un pago adicional para jóvenes agricultores, un pago ecológico y un pago acoplado para sectores prioritarios. España contará para todos ellos con 4 935 millones en 2014 y con cantidades similares a lo largo de todo el periodo. Respecto al pago ecológico o *greening*, se concedería por hectárea y beneficiaría a los agricultores que tengan derecho al pago básico, con una serie de condicionantes. Se concede, pues, una mayor importancia al tema ecológico y a los llamados productos ecológicos. Se establecen también medidas excepcionales para evitar

Exposición de olivos en la Fundació Parc Temàtic de l'Oli. Les Borges Blanques.

perturbaciones del mercado, que se activarán en posibles crisis, ya sean enfermedades animales u otras necesidades urgentes. Para ello, en España se han destinado 2 800 millones de euros.

La PAC se viene aplicando desde ya hace cincuenta años y ha sido fundamental en el desarrollo de la agricultura y ganadería en el ámbito europeo. El año 2014 será un año de aplicación de medidas transitorias, y en 2015 entrará en vigor su plena aplicación y se determinarán los derechos básicos para el periodo que llega hasta el 2020. Para este periodo 2014-2020 la nueva PAC contará con 408 300 millones de euros, de los que 312 700 se destinarán a ayudas directas, denominadas *ayudas del primer pilar*, y el resto (95 600 millones) serán las ayudas destinadas al llamado *segundo pilar*, que apoyará el desarrollo rural.

Esta nueva PAC permitirá una política agrícola más verde, ya que condicionará el 30% de las ayudas al medio ambiente, como por ejemplo los catalogados pastos permanentes. También asegurará un reparto más justo entre los agricultores, y al introducir el concepto de *agricultor activo* se intentará evitar que parte de las ayudas las sigan cobrando los llamados *agricultores de sofá o de salón*, los cuales no desempeñan actividad agrícola. Con ello evitará conceder ayudas a superficies abandonadas y a personas o empresas no ligadas a la actividad agraria. El solicitante futuro de estas ayudas deberá justificar que desarrolla una actividad agraria o ganadera. Se pretende también que la nueva PAC la cobren los trescientos mil agricultores que están activos del total de novecientos mil perceptores actuales. Esta exigencia no se aplicará a agricultores que en la actualidad cobren menos de 1 250 euros, que son un total de 407 000.

Son necesarias nuevas estrategias a fin de conseguir políticas agrícolas sostenibles, que aumenten la productividad y la competitividad del sector agrícola y ganadero. La nueva PAC debería ser más fuerte que las ya aplicadas, y debería tener en cuenta las características de cada región y las propiedades de cada cultivo. Una PAC fuerte será una garantía para todos, tanto para los productores como para los consumidores, y también para todos los ciudadanos europeos. España contará con cuarenta regiones diferentes. En España, el 45% de las solicitudes son de agricultores que cobran menos de 1 250 euros, y se establecerá también una reducción del 5% para los que cobren más de 150 000 euros. El punto de partida para el cálculo de los derechos a dar a los agricultores y ganaderos será la solicitud de ayudas del 2011. Debido a su importancia, debemos citar la región de Andalucía: en ella, el cultivo del olivo conlleva el 25% de la producción agraria andaluza y supone veintidós millones de jornales agrarios, teniendo en cuenta que produce el 40% del aceite mundial y el 20% de la llamada oliva de mesa.

Si nos planteamos un posible escenario de futuro, debemos hacer constar lo siguiente: parece fácil pensar que la estructura de las explotaciones de olivo sufrirá cambios importantes a lo largo de los próximos años, como consecuencia del envejecimiento de la población, de la disminución de activos en el sector y de la pérdida de peso en la sociedad. Sin embargo, estos factores pueden ser un estímulo para que las explotaciones que se mantengan ganen en dimensión y mejoren su nivel de profesionalización y tecnología.

La ampliación de las zonas regables, generalmente mediante goteo, también puede influir en este sector, ya que motivan aumentos de rentabilidad en él. En cuanto a la agroindustria, es posible que se produzca una cierta reestructuración, que ganará en dimensión a fin de optimizar el proceso. Son previsibles los esfuerzos para mejorar el envasado y la comercialización de estos productos y es evidente que los mercados internacionales seguirán siendo un motor de este sector. La asignatura pendiente es la de potenciar el consumo en los países de alto nivel adquisitivo, en los que no existía el hábito del consumo del aceite de oliva. La buena aceptación de la dieta mediterránea y los efectos saludables que tiene este producto pueden aumentar esa tendencia.

Sería deseable que se mantuviera el incremento actual, lento pero constante, en el consumo de los aceites de mayor calidad, vírgenes y vírgenes extra. También se debería mejorar las normas de comercialización y etiquetado y realizar un mayor control de calidad de dicho producto. En ese contexto, las cooperativas agrarias tienen la oportunidad de desempeñar un papel destacado, ya que garantizan el origen y la proximidad de la producción.

Gastronomía

Parte de nuestra cultura gastronómica, especialmente en toda la zona mediterránea, se basa en el aceite de oliva. Sus aromas sensitivos, tanto para el olfato como para el paladar, son un placer. Aprender a apreciar y valorar este producto supone entrar en una gastronomía apasionante. El aceite de oliva es uno de los principales componentes de la dieta mediterránea, y además es la base sobre la cual se elaboran la mayoría de los platos típicos de estas zonas mediterráneas.

Cuando se habla de gastronomía española, el aceite de oliva ocupa un lugar especial. Sin duda, es el ingrediente que participa en más platos, incluyendo tapas, aperitivos, entrantes, primeros y segundos platos y postres. Podemos afirmar que «la mayor cocinera es la aceitera».

Los aceites de oliva virgen extra que provengan directamente de la aceituna pueden tener diferentes aromas y sabores según el tipo de aceituna. Es difícil distinguirlos si la persona no es un profesional o un entendido, o un catador –que, aunque se parezcan, son diferentes–. Asimismo, dentro de una misma clase de aceitunas pueden existir algunos sabores o aromas más pronunciados, dependiendo del microclima o zona y del tratamiento en la recolección y prensado que ha tenido cada aceite.

El aceite de oliva virgen extra, por su aroma y por su sabor, es el más indicado para el consumo, tanto en crudo como cocinado, y además ofrece un efecto protector para nuestro cuerpo.

Actualmente, los profesionales de la cocina tienden a utilizar el aceite de oliva adecuado para la preparación culinaria de los platos especiales que van a realizar. No hay ninguna regla y cada cocinero sigue su propio criterio. Cada vez más, se utiliza este aceite en la alta cocina, mientras que a nivel popular sigue habiendo zonas en España que es poco utilizado. La alta cocina, representada actualmente por

Alioli, excelente condimento para carnes y caracoles, elaborado con aceite de oliva.

restauradores como Ferran Adrià y los hermanos Roca, en posesión de reconocimientos mundiales a su labor, utiliza este producto. Destaca, por ejemplo, en la preparación de platos como el pan al aceite de oliva y el sorbete de agua de tomate, elaborados en el restaurante El Bulli; el pan con tomate con cuchara, elaborado en el restaurante de Carme Ruscalleda; el pan con tomate elaborado en el restaurante El Celler de Can Roca, y también el cucurucho de pan con tomate, elaborado en el restaurante de Carles Gaig. En general, podríamos citar otros muchos platos cuyo condimento importante es el aceite de oliva, utilizado en toda la geografía nacional. Recordemos que el pionero Arzak ya presentaba una receta en la que el aceite pasaba a formar parte del enunciado: rodaballo con verduras fritas y aceite de oliva virgen.

Para aliñar una ensalada, primero hay que poner la sal; luego, el vinagre, y finalmente, el aceite, y para los alimentos hechos a la brasa o asados, el aceite de oliva se añade cuando el alimento está ya hecho. Los aceites de oliva virgen ofrecen el sabor, el aroma y el color, los cuales ayudan a resaltar la personalidad de los alimentos cocinados; los aceites afrutados y un poco amargos potencian el sabor de los sofritos y de los estofados; los aceites de sabor medio son indicados para los escabeches, y otros tipos de aceite son indicados para las ensaladas. El aceite de oliva aumenta su volumen cuando cocinamos en la sartén, por ello se necesita menos cantidad y cunde más que el resto de aceites vegetales.

La fritura es un sistema de cocción que consiste en sumergir los alimentos crudos en el aceite para que queden dorados y crujientes. Si se hace de forma correcta, los alimentos mantienen más sus valores nutritivos que si les aplicamos otros procesos culinarios. El aceite de oliva es, por sus propiedades, el más adecuado para este tipo de cocción. El aceite de oliva no se debe sobrecalentar, ni calentar muy rápidamente; tampoco debería pasar de los 180 °C, ya que a partir de aquí empieza a perder sus cualidades y puede producir olores y sustancias tóxicas. No es conveniente mezclar el aceite de oliva con otros aceites vegetales ni con otras grasas, ni añadir aceite nuevo a un aceite ya usado. Se aconseja no utilizar más de cuatro veces el mismo aceite, porque puede convertirse en tóxico. Cuando se fríe un alimento no deberá ahogarse en la sartén, sino que se dejará resbalar lentamente en ella. Si ponemos un trozo de perejil dentro de la sartén cuando realizamos un sofrito, evita que el aceite huela demasiado. Debemos tener cuidado de no añadir agua cuando el aceite esté caliente, ya que salpica.

Hay que resaltar como muy típicos, algunos platos, de los que el aceite es el protagonista, y que son muy propios de la dieta mediterránea. Como aperitivos

Tradicional plato de la gastronomía catalana: pan con tomate y aceite virgen extra.

El aceite de oliva virgen extra es un elemento típico de la reconocida dieta mediterránea.

y entrantes, debemos citar las patatas fritas, los fritos de pescado, las croquetas, el pan tostado con aceite, el pan untado con tomate y aceite y, finalmente, el pan tostado y untado con ajo. Como primeros platos citaremos la sopa castellana, el ajoblanco, la *purrusalda*, las ensaladas, el gazpacho, la escalivada, el arroz caldoso con acelgas, la empanada, la fideuá, el pisto, las judías con jamón, los huevos fritos y la famosa tortilla de patatas. Como segundos platos destacamos el bacalao al pil-pil, el besugo al horno, el pulpo *a feira*, el cordero al chilindrón, el conejo guisado y los caracoles *a la llauna*. Ya en los postres sobresalen las torrijas, los pestiños, los buñuelos y las rosquillas fritas. Más allá de la gastronomía popular, también los cocineros ilustres juegan en los postres con el aceite de oliva. Martín Berasategui elaboró un helado de aceite, y Oriol Balaguer creó un postre con aceite de oliva y cítricos. Para finalizar con los platos, destacan, dentro de las salsas, la llamada salsa española, el *romesco* y el muy conocido alioli. El aceite de oliva actúa en estos casos como un impulsor del sabor.

Recientemente se experimenta con el aceite de oliva virgen para la confección de los llamados aceites aromatizados o infusionados, los cuales añaden al aceite de oliva otros matices de sabor, que se consiguen mezclándolo con otras sustancias, de por sí ricas en sabores, como hierbas frescas, ajos, guindillas, laurel, setas o trufas. Incluso se confeccionan exclusivamente para la utilización en postres, con

Típico postre leridano, elaborado con aceite de oliva virgen extra, que acostumbra a degustarse durante los días de fiestas patronales.

sabor a naranja, mandarina, limón y chocolate. Su elaboración no es dificultosa, puesto que todo el contenido se deja macerar durante un mes en un lugar soleado para que el calor favorezca la mezcla de los sabores. Con todo ello se puede conseguir un verdadero muestrario de aceites con sabores diferentes, a utilizar en la confección de distintos platos.

En estos casos, el aceite de oliva virgen no deberá tener una acidez superior a los 0,5°. Al utilizar las hierbas para conseguir este tipo de aceites no deberemos lavarlas, sino solamente limpiarlas con una servilleta de papel fino, a fin de que mantengan sus aromas y sabores. La maceración deberá durar un mínimo de treinta días. Después, puede colarse y se puede introducir el aceite en otro envase limpio, en el que también se puede añadir un trocito del tipo de hierba utilizada en dicha maceración.

Dedicamos un breve recordatorio al consumo de las llamadas aceitunas de mesa, que son las aceitunas recogidas del olivo, una vez sazonadas utilizando diferentes métodos y medios, a fin de hacerlas aptas para el consumo humano, para poder disfrutar de este producto en la mesa. Las hierbas aromáticas que se utilizan para el aliño dependen de las zonas. Las más habituales son el ajo, el tomillo, la naranja, el pimentón, el orégano, el laurel y la guindilla.

Cada variedad de aceituna posee su sabor característico, y con el sazón añadido se enriquece este sabor con numerosos matices. El marinado de la aceituna en salmuera es un procedimiento que viene de muy antiguo. En el consumo de ese tipo de aceitunas destacan la aceituna gordal, la manzanilla, la hojiblanca, la picual y la arbequina. El consumo de las aceitunas de mesa es importante en países como España, Portugal, Grecia e Italia, aunque dicho consumo está creciendo, tanto en los países productores como en otros a los que se exporta.

Museos del aceite de oliva

Recordemos que España es el primer productor de aceite de oliva del mundo, y que la superficie destinada al cultivo del olivo ocupa también el primer lugar, con 316 millones de árboles dentro del territorio español. Por ello, la cultura del olivo y del aceite es significativa en nuestro país, que posee un inmenso patrimonio de molinos antiguos, auténtico legado de nuestros antepasados. Hasta ahora no existía un inventario de estos recursos y carecíamos de una referencia válida para encontrar y visitar estos museos. El total asciende a ochenta y ocho, que se encuentran distribuidos por todas las regiones productoras de aceite de oliva de España. A continuación, citaremos estos museos por regiones y por orden alfabético. Cabe destacar que guardan objetos antiguos, hoy en desuso, como un legado cultural.

Andalucía

Almería

- Los Albardinales. Restaurante, almazara y museo (Tabernas)
- Museo del Aceite de Oliva Castillo de Tabernas (Almería)

Cádiz

- Conjunto Monumental del Alcázar (Jerez de la Frontera)

Córdoba

- Museo Almazara Núñez de Prado (Baena)
- Museo Carbonell del Aceite de Oliva (Alcolea)
- Museo de Costumbres y Artes Populares Juan Fernández Cruz (Zuheros)
- Museo del Aceite «El Molino Viejo» (Cabra)
- Museo y Molino de Aceite Juan Colín (Montilla)
- Museo del Aceite de Montoro (Montoro)
- Museo del Olivar y del Aceite (Baena)

Fundació Parc Temàtic de l'Oli. Les Borges Blanques.

- Museo Histórico-Arqueológico de Almedinilla (Almedinilla)
- Museo-Restaurante Oleocultura (Castro del Río)
- Museo de la Hacienda Rural Capricho Andaluz (Aguilar de la Frontera)

Granada

- Molino Museo de Mondújar (Mondújar)
- Museo Almazara de Las Laerillas (Nigüelas)
- Museo del Aceite Andaluz (Vélez de Benaudalla)
- Museo del Aceite La Almazara de Paulenca (Paulenca)

Huelva

- Museo de Interpretación del Aceite de Cañaveral de León (Cañaveral de León)
- Museo del aceite de San Bartolomé de la Torre (San Bartolomé de la Torre)

Jaén

- Almazara Histórica La Almedina de Cazorla (Cazorla)
- Museo de Arte del Aceite (Navas de San Juan)
- Museo de la Cultura del Olivo (Puente del Obispo, Baeza)
- Museo del Aceite Cortijo el Madroño (Martos)

Málaga

- Centro Cultural Cortijo de Miraflores (Marbella)

- Ecomuseo Lagar de Torrijos (Málaga)
- Molino Museo El Cortijo Pulgarín Bajo (Alfarnatejo)
- Museo de Artes y Costumbre Populares Caserío de San Benito (Antequera)
- Museo del Aceite de Mondrón (Periana)
- Museo del Molino de Aceite de Ojén (Ojén)
- Museo Etnográfico de Benalauría (Benalauría)
- Museo Etnográfico del Aceite. Centro Cultural Al-Andalus (Guaro)
- Museo Etnográfico Municipal de El Paso (Riogordo)
- Museo Histórico-Etnológico de Mijas (Mijas)
- Museo del Aceite Hojiblanca (Antequera)
- Museo Molino de Aceite de Marmolejo (Guaro)
- Museo El Molino de la Paca (Alhaurín el Grande)
- Museo Molino de los Mizos (Casarabonela)
- Museo Molino Bachiller (Álora)
- Museo de Artes y Costumbres Populares (Málaga)

Sevilla

- Centro Cultural del Olivo Basilippo (El Viso del Alcor)

Prensa antigua de piedra. Ecomuseu de l'Oli i el Camp. La Pobla de Cérvoles.

Prensa antigua. Ecomuseu de l'Oli i el Camp. La Pobla de Cérvoles.

Aragón

Huesca

- Museo del Aceite El Torno de Buera (Buera)
- Museo Etnológico Casa Fabián (Alquézar)
- Museo Molino de Castilsabás (Castilsabás)

Teruel

- La Almazara de Jaganta (Jaganta)
- Hotel-Museo del Aceite El Molí de l'Hereu (Ráfales)
- Museo del Molino de Aceite (Alacón)

Zaragoza

- Museo del Aceite de La Muela (La Muela)
- Museo del Aceite. Centro de Interpretación (Aniñón)

Canarias

Las Palmas de Gran Canaria

- Museo Molino de El Valle (Santa Lucía de Tirajana)

Castilla-La Mancha

Toledo

- Casa-Museo de Dulcinea (El Toboso)
- La Almazara de Alcabón (Alcabón)

- Museo de la Fundación Patrimonio Comunal Olivarero «Felipe Vegue» (Mora)
- Museo Molino Aceitero, Casa de la Encomienda (Mora)

Castilla y León

Salamanca

- Museo del Aceite «El Lagar del Mundo» (San Felices de los Gallegos)

Zamora

- Almazara de Latedo, «La Lagar» (Latedo)

Catalunya

Lleida

- Ecomuseu de l'Oli i el Camp (la Pobla de Cérvoles)
- Fundació Parc Temàtic de l'Oli (les Borges Blanques)
- Molí d'Oli Maurici Massot (Belianes)
- El Museu de l'Oli i el Món Rural (Castelldans)
- Museu de l'Oli Cooperativa de Sant Salvador (Alfés)
- Molí de l'Oli de Sant Josep (la Pobla de Segur)
- Museu Molí d'Oli de Ca l'Agustí (Alpicat)
- Museu-Molí d'Oli de l'Argilés (Arbeca)
- Museu de l'Oli, Cooperativa de la Granadella (la Granadella) (pendiente de apertura)

Tarragona

- Museu de l'Oli Solé (Mont-Roig del Camp)
- El Molí de l'Oli de Scala Dei (Cabacés)
- El Elixir Dorado. La Cultura del Aceite y Sostenibilidad (Reus)
- Museu Agrícola de Cambrils (Cambrils)

Extremadura

Badajoz

- Museo Etnográfico de Azuaga de la Sierra y la Campiña (Azuaga)
- Museo Etnográfico «González Santana» (Olivenza)
- Museo Tecnológico del Aceite (Monterrubio de la Serena)

Cáceres

- Centro de Interpretación del Olivo (Casar de Palomero)
- Museo del Aceite El Molino del Medio (Robledillo de Gata)

Galicia

Lugo

- Molino de las Farrapas (Bendilló)

Islas Baleares

Palma de Mallorca

- Almazara de Son Torrella (Santa Maria del Camí)

- Museo del Aceite de Deià. Refugio de Can Boi (Deià)

Ibiza

- Museo de Etnografía de Ibiza (Santa Eulalia des Riu)
- Espacio Cultural de sa Punta des Molí (Sant Antoni)

Comunidad de Madrid

- Museo Oleico y de Costumbres «La Almazara» (Brea de Tajo)

Región de Murcia

- Museo de la Almazara Santiaguista de Pliego (Pliego)
- Museo de Siyâsa (Cieza)

Comunidad Valenciana

Alicante

- Museo de la Casa del Aceite (Cañada)
- Museo Vivo del Aceite de Muro de Alcoy (Alcoy)
- Museo Histórico Municipal (Aspe)
- Museo Etnológico y Arqueológico del Comtat (Cocentaina)
- Museo Etnológico de Tormos (Tormos)

Castellón

- Museo del Aceite (Segorbe)
- Museu Molí de l'Oli (Cervera del Maestre)
- Museo Etnológico de Tales (Tales)

Valencia

- Museo Almazara del Conde de Sot de Chera (Sot de Chera)

De entre todos los citados anteriormente hay que resaltar, por sus características, los siguientes:

En Andalucía:

- Museo de la Cultura del Olivo: Se encuentra en la localidad de Baeza (Jaén). Situado en la finca agencia La Laguna, este museo guarda objetos del siglo XVII. Presentan al visitante un interesante audiovisual y una exposición de utensilios, bastante completa, relacionada con la fabricación del aceite. Tiene también un jardín con olivos de diferentes variedades, de los que se indica la variedad y el lugar en el que se produce. En un edificio anexo hay varios depósitos construidos con piedra, que servían para almacenar el aceite. Además, cuenta con una tienda en la que podemos encontrar diferentes marcas de aceites y otros derivados de este producto. Al lado de este museo hay un hotel y un restaurante característicos, relacionados con el tema del aceite. También encontramos una escuela profesional de cocina.
- Museo del Olivar y del Aceite: Se sitúa en la ciudad de Baena (provincia de Jaén). El museo se encuentra dentro de la misma ciudad. Dentro de

sus modernas instalaciones podemos encontrar diversos objetos relacionados con la fabricación del aceite y varios paneles explicativos. Sin embargo, no hay tienda en las instalaciones del museo.
- Museo del Aceite «El Molino Viejo»: Se encuentra en la localidad de Cabra, provincia de Córdoba. Tiene una almazara del siglo XIX.

En Catalunya debemos destacar los siguientes:

- Fundació Parc Temàtic de l'Oli: Se encuentra en la localidad de les Borges Blanques, provincia de Lleida. Cuenta con una exposición de olivos centenarios, con prensas y ruedas de molino y también con una construcción típica de la región, que utilizaban los agricultores como vivienda provisional en el tiempo de la recolección de la aceituna, llamada *mas de volta*. En el interior del museo podemos ver los elementos necesarios que formaban una almazara, además de diferentes tipos de aceite que se producen en la comarca de les Garrigues y los utensilios que se utilizaban en la fabricación de dicho producto. Cuenta también con una tienda en la que se puede comprar aceite de distintos tipos de la región. Anexo al museo hay un hotel y un restaurante con cocina tradicional de la zona. El conjunto forma un complejo turístico del que se puede aconsejar una visita.
- Molí d'Oli Maurici Massot: Está situado en Belianes, provincia de Lleida, se encuentra un antiguo molino de aceite del siglo XVII, que se muestra solamente al público el primer domingo del mes de diciembre de cada año, fecha en la que se celebra en dicha localidad la fiesta del aceite. Para visitar el museo otro día distinto, se debe concertar visita guiada en el ayuntamiento de dicha localidad.
- Ecomuseu de l'oli i el Camp: Se halla en Pobla de Cérvoles, provincia de Lleida. Contiene una prensa, una rueda de molino y otros utensilios relacionados con la fabricación del aceite. Para visitarlo se debe concertar visita a través del ayuntamiento de esta localidad.
- Museu de l'Oli i el Món Rural: Se encuentra en la localidad de Castelldans, provincia de Lleida. Contiene un antiguo molino y utensilios relacionados con la fabricación del aceite. Es necesario concertar la visita a través del ayuntamiento de dicha localidad.
- Museu de l'Oli Cooperativa de Sant Salvador d'Alfés: Se encuentra en la localidad de Alfés, provincia de Lleida. Contiene un antiguo molino completo, aunque no funciona, y otros objetos relacionados con la fabricación del aceite. Está en el interior de las instalaciones de la Cooperativa Sant Salvador de esta localidad. Se debe concertar visita a través del ayuntamiento.

Depósitos de madera. Fundació Parc Temàtic de l'Oli. Les Borges Blanques.

- Museu Molí d'Oli de Ca l'Agustí: Se encuentra en la localidad de Alpicat, provincia de Lleida. Es un museo particular; por lo tanto, las visitas se harán de manera concertada, con cita previa. Contiene diversos utensilios relacionados con la fabricación del aceite.
- Museu Agrícola de Cambrils: Se halla en la localidad de Cambrils, provincia de Tarragona. Tiene diferentes horarios según la temporada.

En Castilla-La Mancha destaca:

- Museo de la Fundación Comunal Olivarero «Felipe Vegue»: Se encuentra en la localidad de Mora. Tiene varias zonas con molinos de aceite antiguos y expone diferentes ámbitos de la vida rural.

Otros museos a destacar, por su importancia, son los llamados museos vivos, referentes a olivos muy antiguos o monumentales. Algunos de estos olivos son milenarios, por lo que son testigos de la historia en los lugares en que se encuentran. Se consideran singulares los que tienen al menos tres metros y medio de perímetro de tronco, diez metros de altura y trece metros de diámetro de copa, entre los cuales debemos citar varios que se encuentran localizados en las provincias de Castellón, Córdoba, Guadalajara, Huesca, Ibiza, Jaén, Lleida, la Rioja, Tarragona y Tenerife.

Vocabulario del catador

Acebuche: Olivo silvestre.
Aceitada: Cosecha, añada de aceite.
Aceitar: Untar con aceite.
Aceite: Zumo natural de aceituna.
Aceite de oliva virgen: Aceite de oliva obtenido únicamente por procedimientos mecánicos o por otros procedimientos físicos que no producen la alteración del aceite, sometido únicamente al lavado, a la decantación, a la centrifugación y a la filtración.
Aceitera: Recipiente de cristal, cerámica, metal…, donde habitualmente se guarda el aceite para el consumo diario, muy útil para aliñar.
Aceitón: Aceite con impurezas, que se deposita en el fondo de las vasijas.
Aceituna: Fruto del olivo a partir del cual se obtiene el aceite de oliva.
Aceituna de mesa: Aceituna preparada para el consumo directo.
Aceitunero: Persona que coge aceitunas.
Ácido: sustancia que califica el sabor producido por soluciones acuosas diluidas.
Ácido oleico: Ácido grasiento que confiere una mayor estabilidad al aceite de oliva en las elevadas temperaturas que este producto soporta durante su cocción.
Afrutado: Conjunto de sensaciones que recuerdan el gusto y olor de la aceituna sana.
Agrio: Sensación olfato-gustativa, en la que predominan los ácidos fermentados.
Alcuza: Vasija de hojalata para el aceite.
Alioli: Salsa elaborada a partir de ajo y aceite.
Aliñar: Condimentar la aceituna para el posterior consumo.
Almazara: Molino de aceite, lugar dispuesto para la obtención del aceite de oliva.

Almendrado: Gusto propio de la almendra, característico de los aceites dulces y de olor apagado.

Amargo: Sabor obtenido de aceitunas verdes cuando han sido molidas mezcladas con hojas y tallos.

Análisis gustativo: Análisis que se produce en la boca. Las sensaciones gustativas que produce el aceite de oliva virgen en la boca se valoran según su intensidad, sabor y calidad.

Análisis olfativo: Análisis que valora las sensaciones aromáticas según su intensidad, las cuales se clasifican en agradables-positivas y desagradables-negativas.

Análisis organoléptico: análisis consistente en determinar si el aceite virgen tiene una media de afrutado superior a 0°, y una media de defectos inferior a 3,5°.

Análisis sensorial: Análisis o pruebas que se hacen en la cata; se llevan a cabo en la boca, juntamente con el paladar según criterios de calidad Md y Mf.

Análisis táctil: Técnica para considerar si un aceite es defectuoso, dependiendo de si presenta una consistencia o una sensación táctil acuosa.

Análisis visual: Técnica que analiza el aspecto y el color del aceite de oliva virgen.

Apagado: Aceite cuyas características están disminuidas.

Aragonesa: Variedad de olivo cultivada en la Terra Alta (Tarragona) y en el Matarraña.

Arbequina: Variedad de olivo cultivada en Catalunya, especialmente en les Garrigues y en Siurana.

Arboçana: Variedad de olivo cercana a la arbequina, que se cultiva en el Arboç del Penedès (Barcelona).

Argudell: Variedad del olivo cultivada en el Empordà (Girona).

Armónico: Aceite de sabor y aroma con sensación agradable.

Aroma: Perfume natural que el aceite desprende.

Tradicional vaso para la cata de aceite de oliva.

Áspero: Sensación bucal que dejan algunos aceites al ser degustados.

Astringente: Aceite con sabor amargo y ácido.

Balsa: Estanque donde van a parar los desperdicios en los molinos.

Bancal: Trozo de tierra dispuesto para ser cultivado.

Banco: Escalera piramidal de seis o siete escalones utilizada para recoger las aceitunas de las ramas más altas.

Batir: Dar golpes a las ramas de los olivos para hacer caer las aceitunas encima de los tendales.

Budell: Variedad local de olivo de la comarca del Alt Empordà (Girona).

Candil: Utensilio para alumbrar.

Capacho: Utensilio de esparto que se llena de aceitunas molidas para ser prensadas.

Cata: Operación que consiste en percibir, analizar y valorar las propiedades organolépticas del aceite.

Catador: Persona debidamente entrenada que tiene la facultad de detectar los rasgos distintivos de la aceituna o del aceite.

Cocido: Sabor que dejan algunos aceites que han sufrido excesos de temperatura durante su elaboración.

Cofín: Cesto o canasto de mimbre, para llevar las aceitunas.

COI: Consejo Oleícola Internacional.

Consejo Regulador: Organismo oficial responsable de la gestión de las denominaciones de origen protegidas, que se creó para controlar y garantizar la calidad de los aceites que se producen y para promocionarlos.

Coupage (cupada): Aceite obtenido de la mezcla de diversas variedades de aceites.

Crudo: Aceite no refinado.

Cuba: Depósito, normalmente de acero inoxidable, donde se guarda el aceite de oliva virgen extra.

Decantación: Separación natural del aceite en el interior de las pilas, como consecuencia de la diferencia de densidad entre el agua y el aceite.

Desconfinar: Sacar la pasta de los cofines con un movimiento seco y brusco, una vez realizado el prensado.

Desengrasar: Sacar la grasa de un producto o de un preparado.

Deshuesar: Sacar el hueso de una fruta.

Dieta mediterránea: Modelo alimentario característico de los países de la cuenca mediterránea, del que el aceite de oliva es un componente fundamental.

Drupa: Nombre que los romanos daban al fruto del olivo, la aceituna.

Dulce: Sabor agradable del aceite.

Ecológico: Dicho del aceite obtenido conforme al Reglamento UE 2092/1991, sobre producción agrícola ecológica, y su indicación en los productos agrarios y alimenticios.

Diferentes tipos de envases y etiquetados.

Envero: Periodo en el que la aceituna madura.

Escaldar la pasta: Echar agua caliente a los cofines para propiciar la salida del aceite.

Extracción en frío: Obtención del aceite de oliva virgen manteniendo la temperatura por debajo de los 27 °C durante todo el proceso.

Falda: Conjunto de brotes tiernos del exterior de la copa del olivo que se dirigen hacia el suelo.

Farga: Variedad de olivo cultivada en la parte oriental de Catalunya, especialmente en el Baix Ebre y en el Montsià (Tarragona).

Filtrar: Pasar el aceite a través de un filtro para eliminar sus impurezas.

Flor del aceite (Oleum viride): Nombre que recibe en muchos sitios de España el aceite virgen extra obtenido de la primera extracción en frío.

Freír: Cocer un alimento en aceite caliente.

Frutado: ver *Afrutado.*

Afrutado: Conjunto de sensaciones que recuerdan el gusto y olor de la aceituna sana.

Fuelle: Pila en la que se recogen los aceites.

Galga: Piedra voladora del molino de aceite.

Grado de acidez: Parámetro químico de calidad, que no tiene nada que ver con el sabor o el aroma del aceite.

HDL: Colesterol bueno, cuyo nivel aumenta mediante el consumo de aceite de oliva virgen extra.

Hierba: Sabor del aceite que recuerda la hierba recién segada.

Hilera: Fila de árboles.
Hojas verdes: Sabor del aceite obtenido de aceitunas muy verdes.
Hueso: Parte leñosa de la aceituna, que contiene la semilla.
Humedad: Sabor del aceite de aceitunas en las que abundan hongos y levaduras.
Injertar: Insertar una parte de un árbol en una rama o en un tronco.
IRTA-i · 18®: Clon del olivo arbequín resistente a las enfermedades, que produce aceitunas con las que se elaboran aceites de buena calidad.
ISO: Organización internacional dedicada a la elaboración de normas en todos los sectores.
Lagar: Sitio donde se prensa la aceituna.
Lampante: Nombre procedente del italiano con el que se hace referencia al aceite brillante.
LDL: Colesterol malo, cuyo nivel se puede reducir mediante el consumo de aceite de oliva virgen extra.
Mallorquina: Variedad de aceituna cultivada en las Islas Baleares.
Mançanenc: Variedad local de olivo de la comarca de les Garrigues (Lleida).
Marfil: Variedad local de olivo de la comarca del Montsià (Tarragona).
Moho: Sabor desagradable que adquiere un aceite obtenido de aceitunas que han permanecido mucho tiempo en el suelo.
Molienda: Trituración del fruto. Primer proceso al que se somete la aceituna y del cual depende la calidad final del producto.
Monovarietal: Aceite de oliva virgen elaborado a partir de una sola variedad de aceituna.
Morca: Hez del aceite.
Mosca del olivo: Insecto que pone los huevos encima de las aceitunas, cuyas larvas se comen la carne del fruto y estropean la calidad del aceite.
Muela: Parte del molino tradicional que sirve para triturar las aceitunas y así extraer el aceite de su pasta.
Obradura: Lo que se exprime en una prensa de un molino de aceite.
Oleáceas: Familia de plantas dicotiledóneas a la que pertenece el olivo.
Oleicultura: Ciencia que estudia la elaboración y la conservación del aceite de oliva.
Oleoteca: Establecimiento especializado en aceites de oliva.
Oleum sanctorum: Aceite sagrado con el que antiguamente se untaba a las personas enfermas.
Olivar: Plantación de olivos.
Olivicultura: Estudio del cultivo del olivo.
Ordeñar: Tomar la aceituna directamente del árbol, deslizando las manos por las ramas. Es la técnica menos perjudicial para el árbol.

Orujo: Residuo de la aceituna molida y prensada.

Panel de cata: Conjunto de sujetos o jueces que han estado especialmente seleccionados y entrenados para efectuar, bajo condiciones controladas, el análisis sensorial del producto.

Parar: Llenar los cofines de pasta de aceitunas y ponerlos uno encima del otro para prensar.

Pasta de aceitunas: Producto que resulta de moler la pulpa de la aceituna, con adición o no, de otros productos alimenticios.

Pértiga: Vara larga usada para batir el olivo.

Picante: Atributo organoléptico. Sensación gustativa de picor, característica de los aceites obtenidos al comienzo de la campaña.

Picual: Variedad de olivo, originaria de Andalucía, cultivada recientemente en el Baix Ebre – Montsià (Tarragona).

Pie: Pila de cofines llenos de pasta de aceitunas, preparada para la prensa.

Pisa: Porción de la aceituna que se estruja de una vez en el molino.

Podar: Limpiar el olivo de las ramas inútiles o superfluas.

Polifenoles: Conservantes naturales del aceite de oliva virgen.

Poso: Defecto organoléptico del aceite que ha estado en contacto con fangos de decantación del aceite.

Prensa: Aparato destinado a hacer presión sobre la pasta de aceitunas para extraer el aceite.

Ramaje: Conjunto de ramas del olivo.

Rancio: Sabor adquirido por un aceite en proceso oxidativo.

Rapa: Ramillete de flores blancas que presenta el olivo.

Rasqueta: Objeto parecido a un peine de plástico que sirve para recoger las aceitunas de las ramas sin hacer daño al árbol.

Regusto: Conjunto de sensaciones que se perciben una vez desaparecido el aceite de la boca.

Retoño: Brote tierno.

Rojal: Variedad de olivo cultivada en les Garrigues y en el norte de Siurana, en Lleida y Tarragona.

Rulo: Piedra en forma de cono que gira, sujeta por un eje en los molinos.

Salmuera: Sabor que adquiere el aceite obtenido a partir de aceitunas conservadas en soluciones salinas.

Segundas: Aceite de segunda presión.

Sevillenca: Variedad de olivo cultivada en las comarcas del Ebro (Tarragona).

Sistema continuo: Conjunto de operaciones destinadas a la obtención de aceite virgen, que incluye la molienda, la batida, la decantación y la centrifugación.

Sistema tradicional: Conjunto de operaciones destinadas a la obtención de aceite virgen que incluye la molienda, la batida, el prensado y la decantación.

Siurana: Denominación de origen protegida de Tarragona que toma el nombre del río homónimo, y que abarca el Priorat, el Baix Camp, el Alt Camp, el Tarragonès, la Conca de Barberà, el Baix Penedès y algunos pueblos de la Ribera d'Ebre.

Tela: Elemento parecido a una red que en el momento de la cosecha se extiende encima del suelo que rodea el olivo para recoger las aceitunas que caen del árbol.

Tendal: Pieza, antiguamente realizada con sacos y hoy con tejido de plástico, que sirve para recoger las aceitunas del árbol.

Terra Alta: Denominación de origen protegida de Tarragona, que incluye la Terra Alta y algunos municipios de la Ribera d'Ebre, que produce aceite de la variedad empeltre.

Terrón: Residuo de la aceituna después de exprimida.

Trasegar: Pasar el aceite de un recipiente a otro.

Trituración: Acción de triturar las aceitunas en el molino.

Tronco: Cepa del olivo.

Trujal: Molino de aceite.

Varear: Derribar las aceitunas de un árbol con una vara.

Verdiell: Variedad de olivo cultivada principalmente en la Noguera y en el Urgell (Lleida).

Vibrador: Máquina usada para hacer caer las aceitunas del árbol.

Virgen: Dicho del aceite de oliva extraído por procedimientos mecánicos.

Virgen extra: El aceite de más calidad, que es el zumo natural de la aceituna.

Yema: Rudimento de brote que, según el estado del árbol, puede dar lugar a un fruto o a una hoja.

Zafra: Depósito de hojalata para conservar el aceite.

Conclusión

A modo de resumen, debemos decir que nos encontramos ante un producto natural, el aceite de oliva virgen extra, que se obtiene del prensado –utilizando medios mecánicos– de la aceituna, fruto del árbol llamado olivo, cuyo cultivo es milenario y se sitúa en los países de la llamada cuenca mediterránea. En esos países, que son productores y consumidores, este producto tiene gran importancia socioeconómica y cultural. Así pues, muchas veces en esta zona se habla de la «cultura del aceite».

El consumo del aceite de oliva virgen extra, así como el de las aceitunas, ha aumentado recientemente, ya sea en los países productores o en los que no lo son. Todo ello se debe a la gran calidad de estos productos, tanto para su utilización en la cocina –destaca su papel en la llamada cocina mediterránea– como para aprovechar los efectos beneficiosos que tiene su consumo para el cuerpo humano.

Debemos procurar su consumo, no solamente como consecuencia de una buena comercialización, sino que debemos estar convencidos de que su consumo aumenta el sabor de los alimentos y beneficia el funcionamiento de nuestro cuerpo, ya que previene de enfermedades y prolonga nuestro ciclo vital. Por ello, citaremos varias razones para potenciar el uso de este producto:

- El aceite de oliva virgen es el zumo natural de la oliva, sin conservantes ni agentes químicos.
- Es el aceite más sano y saludable de los que existen en el mercado. Contiene vitaminas, polifenoles y antioxidantes.
- Combate las enfermedades circulatorias y cardiovasculares. Es útil también para nuestra piel. Es, pues, un producto nutritivo y beneficioso para nuestro cuerpo.

Olivo arbequino plantado en un margen de piedra seca construido a mano.

Construcción típica de los campos de olivos, de piedra en seco, utilizada antiguamente por los olivareros en la provincia de Lleida como vivienda durante la recolección de la aceituna.

Estorninos, pájaros depredadores de la aceituna, sobrevolando un campo de olivos en les Garrigues (Lleida).

- Potencia el sabor de los alimentos y su aroma. Cunde más en la cocción de los alimentos y se puede reutilizar.
- Su producción, obtención y comercialización no suponen ninguna agresión al medio ambiente.

Los organismos internacionales relacionados con este producto, como el Convenio y el Consejo Oleícola, y también las denominaciones de origen protegidas deben potenciar la producción, el consumo y el comercio de este excelente producto. Además, tienen que establecer mecanismos de control, cuidar su calidad e informar a sus consumidores de los efectos beneficiosos que tiene este producto.

Para su mejor conservación, debemos guardarlo dentro de un envase opaco. Se debe evitar su contacto con el aire libre y, una vez abierta la botella, debemos consumirla lo antes posible. Es preferible no guardar existencias que excedan al año.

En la actualidad, los países productores, entre los que destaca España, están llevando a cabo campañas publicitarias para el aumento del consumo de este producto en países que se encuentran fuera del continente europeo. Dichas campañas se ofrecen en países emergentes, cuyas población es importante, como China, India y Brasil. En otros, su consumo se está afianzando y aumentando, como sucede en Estados Unidos y Canadá. Todo ello ayudará a comercializar las existencias de los países productores, pero también influirá en el aumento del precio de este producto natural. Esto dependerá en buena parte del control de calidad que los países productores o exportadores y los países consumidores o importadores apliquen.

En consecuencia, podemos afirmar que estamos ante un producto natural, que es mitad alimento y mitad medicina. Últimamente es también muy utilizado en masajes terapéuticos, y se realizan las llamadas infusiones y aromatizaciones, a fin de añadir diferentes gustos, aromas y sabores al aceite de oliva. Como consecuencia, ello ayuda favorablemente a aumentar su comercialización y consumo, e incluso, debido a su buen envasado y presentación, se utiliza también como regalo entre los consumidores.

Bibliografía

www.guiamiguelin.com/aceite/aceite y salud.html

www.jacoliva.com/aceiteysalud.htm

www.olivas.com.ar/elolivo.php

Aparicio, R. *Manual del aceite de oliva*, Madrid, Mundi-Prensa Editorial, SA, 2003.

Ávila Granados, J. *Enciclopedia del aceite de oliva*, Barcelona, Planeta, 2000.

Barranco, D., *et al.* *El cultivo del olivo*, Madrid, Ediciones Mundi-Prensa, SA, 2004.

Boatella, J., *et al.* *Els olis d'oliva de Catalunya*, Barcelona, Edicions 62, 2006.

Burón, I.; García Teresa, R. *La calidad del aceite de oliva*, Madrid, Comunicaciones INIA, 1979.

Caballero, J. M.; del Río, C. *Propagación del olivo por enraizamiento por estaquillas semileñosas bajo nebulización*, Sevilla, Consejería de Agricultura y Pesca, Junta de Andalucía, 1994.

Campos, J. A. «Comparación del potencial productivo de las plantaciones intensivas y súper intensivas», *Vida rural*, 265, 2008, pp. 51-54.

Capel, J. C. *El aceite de oliva*, Madrid, El País Aguilar, 1992.

Centre d'Estudis Planers. *El món de l'oli*, Santa Bàrbara, CEP, 1998.

Civantos, L. *El cultivo del olivo*, Madrid, Editorial Mundi-Prensa, 2001.

Civantos, M.; Sánchez, M. *Plagas del olivo*, Barcelona, Fundación «la Caixa», 1994.

Civantos, M. *Control de plagas y enfermedades del olivar*, Oficina de Evaluación (EVO), Consejo Oleícola Internacional, 1999.

Coi, *Enciclopedia mundial del olivo*, Madrid, Plaza&Janés, 1997.

Consejo Oleícola Internacional. *Series estadísticas del aceite de oliva y de la aceituna de mesa*, Madrid, 2007.

Cubero, S.; Penco, J. M. *Aproximación de los costes del cultivo del olivo. Cuaderno de conclusiones. Seminario AEMO de junio del 2010*. Córdoba, 2010.

DOORENBOS, J.; PRUITT, W. O. «Las necesidades de agua de los cultivos», Cuadernos Técnicos de la FAO, 24, 1977.

FERNÁNDEZ-ESCOBAR, R. *Planificación y diseño de plantaciones frutales*, Madrid, Ediciones Mundi-Prensa, SA, 1996.

FIGUERAS, Anna. «L'elixir daurat. Cap a una cultura de l'oli», en *L'elixir daurat. Cultura i sostenibilitat*, Reus, Museu Comarcal Salvador Vilaseca, 2001.

FLORENSA, M.; SOLÉ, M. A. «Normes bàsiques d'elaboració d'oli d'oliva I. Aspectes generals», *Quaderns de Divulgació*, 23, 1990.

FLORENSA, M.; SOLÉ, M. A. «Normes bàsiques d'elaboració d'oli d'oliva II. Sistemes d'extracció d'oli», *Quaderns de Divulgació*, 24, 1990.

GARCIA GARCIA, P.; DURAN QUINTANA, M. C.; GARRIDO FERNÁNDEZ, A. «Fermentación aeróbica de aceitunas negras maduras en salmuera», *Grasas i aceites,* 36, Madrid, 1985, pp. 14-20.

GARCÍA NOVELO, J. M. *El balance del nitrógeno en el olivar*, Córdoba, Universidad de Córdoba, 2006.

GUTIÉRREZ Y GONZÁLEZ-QUIJANO, R. *Parámetros de calidad en el aceite de oliva*, Jaén, Expoliva, 1989.

LOUSSERT, R.; BROUSSE, G. *El olivo*, Madrid, Ediciones Mundi-Prensa, SA – Ministerio de Agricultura, 1980.

MARCH, L. *El aceite de oliva en la alimentación mediterránea. En alimentación y cultura. Actas del Congreso Internacional*, volumen II, Huesca, Ed. La Val de Onsera, 1999.

MARTÍN LOZANO, J. M. *El impacto de la PAC en las agriculturas andaluzas*, Córdoba, Publicaciones ETEA, 1998.

MARTÍNEZ, A. M. *El aceite de oliva en España*, Madrid, Susaeta Ediciones, 2002.

MASSANA, L.; CAMPRUBÍ, M.; SARDÀ, P. «La dieta mediterráne: ¿Es realmente necesario hacer nuevos cambios?», *Am. J. Clin. Nutr.,* 53, pp. 886-889.

MATAIX, F. J., *et al. El aceite de oliva*, Granada, Puleva, SA, 2000.

MINISTERIO DE AGRICULTURA, PESCA Y ALIMENTACIÓN. *Boletín oficial de estadística agraria*, Madrid, 1992-2006.

MINISTERIO DE AGRICULTURA, PESCA Y ALIMENTACIÓN. *El mercado del aceite de oliva.* Madrid.

MONTAÑO, A.; SÁNCHEZ, A.; REGANO, L. «Método para la determinación del color en salmueras de aceitunas verdes de mesa», *Alimentaria,* 193, 1988, Barcelona, pp. 79-83.

MONTIGNAC, M. *El aceite de oliva*, Barcelona, Salsa Book – Grup 62, 2004.

MORALES, J. «La poda del olivar tradicional», *Revista Oleo-Dossier,* 1, 2001, Madrid, pp. 112-118.

NAVARRO, C. «Cultivo intensivo del olivar. Plantación, recursos y evolución», *Mercacei*, 51, 2007, pp. 198-202.

PASTOR, M.; HUMANES, J. *La poda del olivo: moderna olivicultura,* Madrid, Editorial Agrícola Española, 2006.

PÉREZ HERNÁNDEZ, P. *La demanda de aceite de oliva en España y la política agraria de la Unión Europea*, Córdoba, Publicaciones ETEA, 2000.

PRUNERA ARBONÉS, M. *L'oli d'oliva.*

ROMERO, A.; TOUS, J. *L'oli verge d'oliva*, Reus, Museu Salvador Vilaseca.

SERVEIS TÈCNICS DE JARC. *El conreu de l'olivera*, JARC, 2005.

SOLÀ, R. *Oli d'oliva i salut*, Reus, Museu Salvador Vilaseca.

TIÓ, C. «La reforma de la PAC y su impacto en el sector olivarero», en SILLERO, J., *I Congreso de la Cultura del Aceite,* Jaén, Instituto de Estudios de Jaén, 2007, pp. 323-340.

UCEDA, M.; HERMOSO, M.; FRÍAS, L. «Factores que incluyen en la calidad del aceite de oliva», *Simposium científico-técnico, Expoliva'89*, 1994.

VÁZQUEZ, R. A.; MAESTRO, D. R.; GRACIAN, C. E. «Cambios en los polifenoles de la aceituna durante la maduración», *Grasas y Aceites*, 22, 1971, pp. 366-370.

Agradecimientos

Agradecemos la colaboración de las siguientes empresas:

- Cooperativa de Juncosa
- Cooperativa de la Pobla de Cérvoles
- Cooperativa de Sant Salvador (Alfés)
- Cooperativa dels Torms
- Museo del Olivar y del Aceite (Baena)
- Museo de la Cultura del Olivo (Baeza)
- Ecomuseu de l'Oli i del Camp (la Pobla de Cérvoles)
- Fundació Parc Temàtic de l'Oli (les Borges Blanques)
- Fruits de Ponent. Grup Coopeatiu (Alcarràs)

Y la de las siguientes personas:

- Guiu Piñol, Josep Maria
- Fontanet Corretje, Carmen
- Preixens Llevadot, Josep
- Preixens González, Ariadna
- Prunera Mateu, Antonio
- Solé Vidal, Josep
- Tomàs Monné, Ferran
- Vidal Argelaga, Roser

Con la colaboración especial de:

FRUITS de PONENT

Ctra. de Valmanya, km. 1
25180 Alcarràs (Lleida)
Tel. 973 790 169

Trav. la Bassa, 2
25161 Alfés (Lleida)
Tel. 973 136 008